"十四五"高等职业教育新形态一体化系列教材

Python Flask Web 开发实战

主　编◎杨　勇　李小奎
副主编◎李文奎　朱继宏

中国铁道出版社有限公司
CHINA RAILWAY PUBLISHING HOUSE CO., LTD.

内 容 简 介

本书是“十四五”高等职业教育新形态一体化教材，基于 Flask 2.2，采用理论与案例结合的方式全面介绍 Flask 程序的基本结构、路由、Jinja2 模板引擎、数据交互、数据库访问等 Web 开发所需的相关知识及技能。

本书在基础知识讲解方面，从初学者的角度，以简明的语言、实用的案例讲解 Flask 相关知识和技能；在案例设计方面，注重实践和知识的运用；在考查知识掌握方面，配有思考与练习；最后，以综合案例整合所学知识，以帮助学生理解相关知识、掌握相关技能，最终达到学以致用。

本书适合作为高职软件技术专业、移动应用开发专业、大数据技术等专业的教材，也可作为广大 IT 技术人员和 Python Web 爱好者的参考书。

图书在版编目（CIP）数据

Python Flask Web 开发实战 / 杨勇，李小奎主编 .—北京：中国铁道出版社有限公司，2023.8

“十四五”高等职业教育新形态一体化系列教材

ISBN 978-7-113-30307-5

Ⅰ. ① P… Ⅱ. ①杨… ②李… Ⅲ. ①软件工具 - 程序设计 - 高等职业教育 - 教材 Ⅳ. ① TP311.561

中国国家版本馆 CIP 数据核字（2023）第 104913 号

书　　名： Python Flask Web 开发实战

作　　者： 杨　勇　李小奎

策　　划： 王春霞　　　　**编辑部电话：**（010）63551006

责任编辑： 王春霞　徐盼欣

封面设计： 尚明龙

责任校对： 刘　畅

责任印制： 樊启鹏

出版发行： 中国铁道出版社有限公司（100054，北京市西城区右安门西街 8 号）

网　　址： http://www.tdpress.com/51eds/

印　　刷： 北京联兴盛业印刷股份有限公司

版　　次： 2023 年 8 月第 1 版　2023 年 8 月第 1 次印刷

开　　本： 850 mm × 1 168 mm　1/16　**印张：** 13　**字数：** 269 千

书　　号： ISBN 978-7-113-30307-5

定　　价： 39.80 元

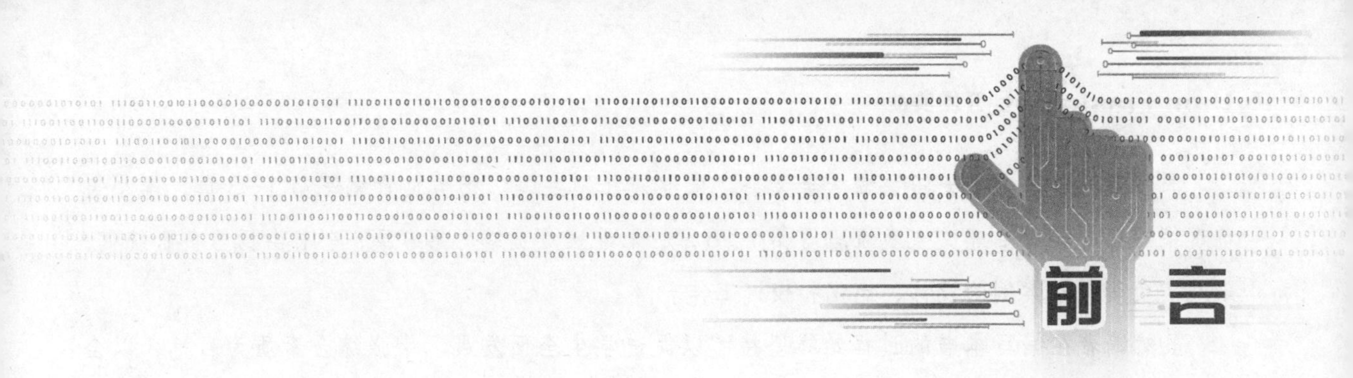

前言

党的二十大报告中提出：“教育、科技、人才是全面建设社会主义现代化国家的基础性、战略性支撑。”“教育是国之大计、党之大计。”首届全国教材工作会议强调“教材是教育教学的关键要素、立德树人的基本载体”，职业教育教学改革首先是教材的改革，因此教材建设是一项长期而艰巨的任务。同时它对稳定学校教学秩序、全面提高教学质量、培养国家所需高技能人才起着十分重要的作用。

随着互联网的快速发展，Web开发已经成为当前计算机领域的热门话题之一。在互联网时代，掌握一门好的Web开发框架显得尤为重要。Flask作为目前流行的Web开发框架，其学习资料和社区支持相对丰富。为了更好地满足计算机相关专业人才培养的需求，本书通过系统讲解Flask的基础知识和实用案例，帮助读者快速掌握Flask开发技能。

本书主要特色如下：

（1）Flask技术新、知识点全、内容分布合理，方便读者系统学习。本书基于Flask 2.2，按照由浅入深的顺序编排内容，分为Flask基础、综合案例及项目部署三部分。Flask基础介绍了Flask路由、Jinja2模板引擎、表单、数据库等相关内容，为后续的学习打下基础；综合案例介绍前后端分离开发和万家果业商城项目，让读者掌握如何利用所学知识并提高技能；项目部署介绍如何利用云服务器及相关软件部署项目到线上服务器。

（2）采用“理论＋案例”相结合的方式，有助于提升教学效果。本书基于编者多年的教学经验及软件开发实践的总结，从初学者容易上手的角度，用30多个实用案例循序渐进地讲解Flask的基础知识，案例短小精悍，针对性强。最后通过两个比较复杂的项目实战案例讲解Web开发要点。通过“理论＋案例”的方式，让读者不仅能够掌握Flask的相关知识和技能，而且能够构建完整的Flask Web应用程序。

（3）教学资源丰富，方便教师教学和学生学习。本书配备了丰富的教学资源，包括教学大纲、教学课件、教材案例源代码、教学视频、课后习题答案、考试模拟试卷及相关面试题等。读者如有需要，请发送电子邮件至1816585901@qq.com获取或者登录中国铁道出版社有限公司教育资源数字化平台www.tdpress.com/51eds/下载。

本书由杨勇、李小奎任主编，李文奎、朱继宏任副主编，杨勇负责编写第1~3章，李小奎负责编写第4~6章，李文奎负责编写第7、8章，朱继宏负责编写第9章，全书由杨勇负责统稿，朱继宏负责教学案例的设计、优化和校订工作。

虽然编者在编写本书的过程始终坚持“以促进学生全面发展、增强综合素质为目标，以全面提高教材质量为重点，创新教材建设理念，增强教材育人功能，不断提升管理水平，打造更多培根铸魂、启智增慧、适应时代要求的精品教材为初心”，但难免有疏漏与不妥之处，恳请广大读者及专家批评指正，不吝赐教。

编　者

2023年3月

目录

第1章 Flask概述

学习目标

笔记栏

- ✓ 了解 Python Web 框架，能够表述 Python Web 框架的特点。
- ✓ 熟悉 Flask 框架的组成，能够列举 Flask 框架的组成项。
- ✓ 掌握虚拟环境的使用与配置，能够配置虚拟环境。
- ✓ 熟练使用 PyCharm 开发工具，能够安装 PyCharm 等集成开发环境。
- ✓ 开发第一个 Flask Web 程序，能够表述 Flask 对象、路由、视图函数的作用。

Python 已经广泛应用于 Web 应用开发、人工智能、自动化运维和区块链等领域，其中 Flask 是当前较为流行的 Python Web 框架。本章将从 Flask 的发展历史讲起，介绍 Flask 框架的特点及组成，讲解如何搭建虚拟环境、集成开发环境及创建 Flask 项目，使读者对 Flask 框架有一个宏观的认识。

1.1 初识 Flask

Flask 是当前较为流行的 Python Web 框架，可以帮助开发人员快速开发各种 Web 应用。

1.1.1 Flask 简介

Flask 是一个用 Python 编写的依赖 Werkzeug（WSGI 工具库）和 Jinja2（模板渲染库）的轻量级 Web 框架，它仅保留了 Web 框架的核心功能：请求响应处理和模板渲染，其他的功能则交给扩展，如表单认证、文件上传、数据库集成、管理后台等，同时允许用户开发第三方库。

WSGI 全称是 Python Web Server Gateway Interface，它指定 Web 服务器和 Python Web 应用或 Web 框架之间的标准接口，以提高 Web 应用在一系列 Web 服务器间的移植性。Werkzeug 是 WSGI 具体工具包，用于实现 HTTP 请求与 HTTP 响应对象，以及一些实用函数，如图 1-1 所示。

笔记栏

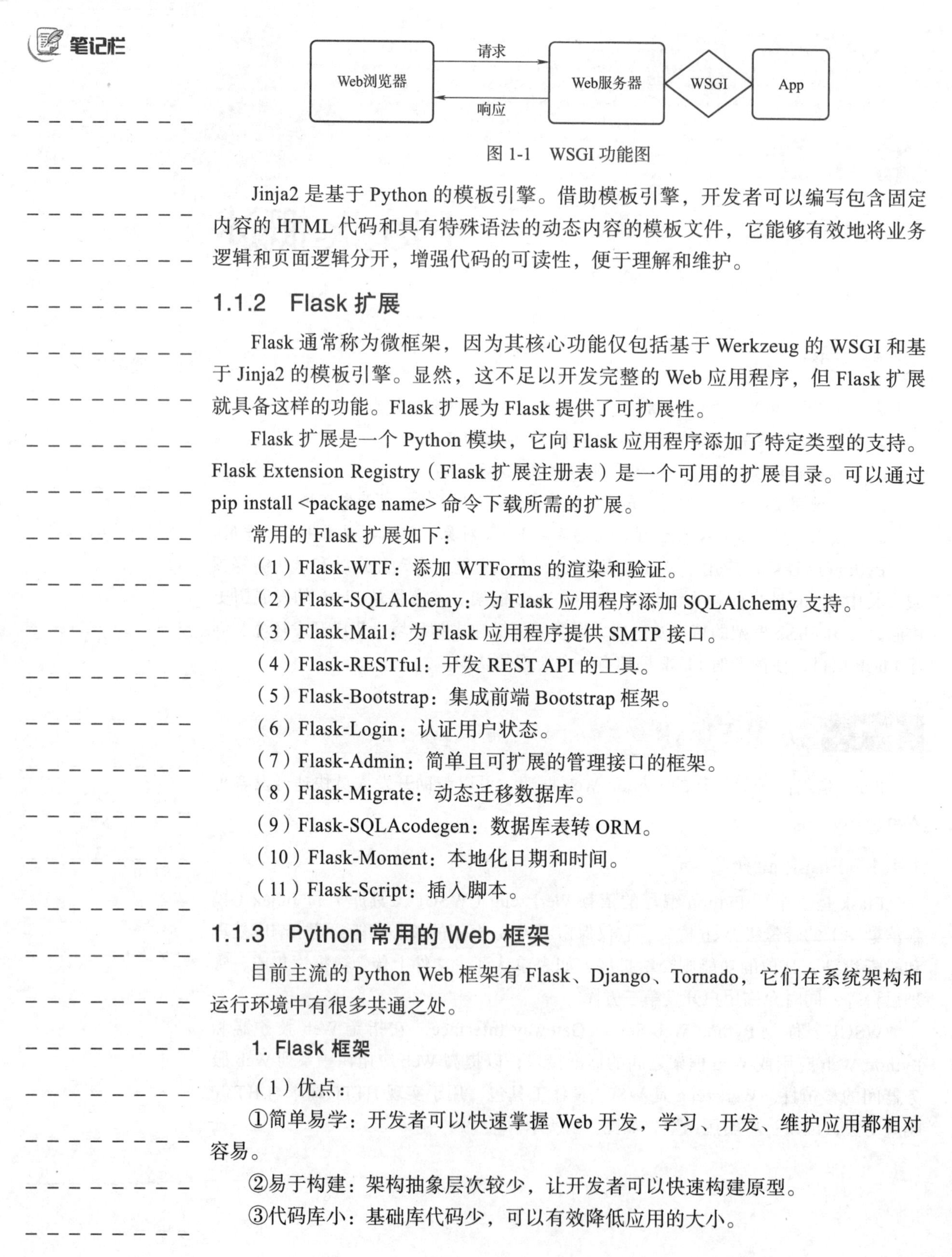

图 1-1　WSGI 功能图

Jinja2 是基于 Python 的模板引擎。借助模板引擎，开发者可以编写包含固定内容的 HTML 代码和具有特殊语法的动态内容的模板文件，它能够有效地将业务逻辑和页面逻辑分开，增强代码的可读性，便于理解和维护。

1.1.2　Flask 扩展

Flask 通常称为微框架，因为其核心功能仅包括基于 Werkzeug 的 WSGI 和基于 Jinja2 的模板引擎。显然，这不足以开发完整的 Web 应用程序，但 Flask 扩展就具备这样的功能。Flask 扩展为 Flask 提供了可扩展性。

Flask 扩展是一个 Python 模块，它向 Flask 应用程序添加了特定类型的支持。Flask Extension Registry（Flask 扩展注册表）是一个可用的扩展目录。可以通过 pip install <package name> 命令下载所需的扩展。

常用的 Flask 扩展如下：

（1）Flask-WTF：添加 WTForms 的渲染和验证。

（2）Flask-SQLAlchemy：为 Flask 应用程序添加 SQLAlchemy 支持。

（3）Flask-Mail：为 Flask 应用程序提供 SMTP 接口。

（4）Flask-RESTful：开发 REST API 的工具。

（5）Flask-Bootstrap：集成前端 Bootstrap 框架。

（6）Flask-Login：认证用户状态。

（7）Flask-Admin：简单且可扩展的管理接口的框架。

（8）Flask-Migrate：动态迁移数据库。

（9）Flask-SQLAcodegen：数据库表转 ORM。

（10）Flask-Moment：本地化日期和时间。

（11）Flask-Script：插入脚本。

1.1.3　Python 常用的 Web 框架

目前主流的 Python Web 框架有 Flask、Django、Tornado，它们在系统架构和运行环境中有很多共通之处。

1. Flask 框架

（1）优点：

①简单易学：开发者可以快速掌握 Web 开发，学习、开发、维护应用都相对容易。

②易于构建：架构抽象层次较少，让开发者可以快速构建原型。

③代码库小：基础库代码少，可以有效降低应用的大小。

笔记栏

④扩展灵活：开发者可以按需将外部元素加入项目之中，架构没有严格的设计模式、协议及数据库要求。

（2）缺点：对于大型网站开发，需要设计路由映射的规则，否则易导致代码混乱。

2. Django 框架

（1）优点：是一个高层次 Python Web 框架，开发快速、代码较少、可扩展性强；采用 MTV（Model、Template、View）模型组织资源，框架功能丰富，模板扩展选择较多。

（2）缺点：包括一些轻量级应用不需要的功能模块，不如 Flask 轻便；过度封装很多类和方法，直接使用比较简单，但改动起来比较困难，灵活度不够。

3. Tornado 框架

（1）优点：是一个基于异步网络功能库的 Web 框架，适用于高并发场景下的 Web 系统，能支持几万个开放连接。

（2）缺点：灵活性较差，支持的模板少，缺少后台支持，对小型项目来说开发速度没有 Flask 快。

1.2 虚拟环境搭建

通常开发 Web 项目时，不同项目会依赖不同的 Python 版本及不同版本的库。为了不影响系统中其他项目的调试运行，可以使用虚拟环境为不同的项目创建独立的 Python 解释环境。利用虚拟环境可以使每个应用拥有一套独立的 Python 运行环境，以便于项目的后期移植。

1.2.1 虚拟环境配置

pipenv 是结合 pip、pipfile 和 virtualenv 的 Python 包管理工具，能够有效管理 Python 包安装、包依赖管理和虚拟环境管理。

pip 是一个现代的、通用的 Python 包管理工具，提供了对 Python 包的查找、下载、安装、卸载的功能。

pipfile 是依赖管理文件，创建虚拟环境时，通常在项目根目录下创建 pipfile 和 pipfile.lock 文件，前者用于记录项目依赖包列表，后者用于记录固定版本的详细依赖包列表。

virtualenv 可以创建虚拟环境（virtualenv venv）、激活虚拟环境（venv\scripts\activate）、关闭虚拟环境（venv\scripts\deactive），同时支持生成扩展列表（pip frezee>requements.txt）及安装扩展（pip install-rrequements.txt），通过 pip install virtualenv 命令可安装 virtualenv 第三方扩展。

笔记栏

1. 安装 pipenv

使用 pip 安装 pipenv 的命令如下：

```
pip install pipenv
```

查看是否已经安装成功的命令如下：

```
pipenv --version
```

2. 创建虚拟环境

假设需要在 f:\flask-demo1 目录下创建虚拟环境，首先修改当前目录为需要创建虚拟环境的目录（cd f:\flask-demo1），然后输入 pipenv install 命令即可。

```
Creating a virtualenv for this project…
Successfully created virtual environment!
To activate this project's virtualenv, run pipenv shell.
Alternatively, run a command inside the virtualenv with pipenv run.
```

创建完成后，显示虚拟环境文件夹的目录名称形式为“当前项目目录名 + 一串随机字符”，如 flask-demo1-pTHUkuR9。

通过 pip list 命令可以查看已经安装的 Python 文件，如图 1-2 所示。

```
(flask-demo1-pTHUkuR9) F:\flask-demo1>pip list
Package    Version
---------- -------
pip        22.1.2
setuptools 63.2.0
wheel      0.37.1
```

图 1-2　显示已安装 Python 文件

3. 激活虚拟环境

显式地激活虚拟环境的命令如下：

```
pipenv shell
```

系统提示如下：

```
(flask-demo1-pTHUkuR9) F:\flask-demo1>
```

4. 退出虚拟环境

使用 exit 命令可以退出虚拟环境。更多的功能可以通过 pipenv-h 命令获取。

1.2.2 PyCharm 安装及使用

PyCharm 是一款 PythonIDE（integrated development environment，集成开发环境）开发工具软件，带有一整套可以帮助用户在使用 Python 开发时提高其效率的工具，如调试、语法高亮、项目管理、代码跳转、智能提示、自动完成、单元测试、版本控制；同时，PyCharm 提供了一些高级功能，用于支持 Flask 框架下的专业

Web 开发。另外，开发者可以使用自己熟悉的 Visual Studio Scode、sublime 等 IDE 工具软件。

1. PyCharm 下载及安装

打开 PyCharm 的下载页面。

根据所使用的操作系统，选择 Professional Edition（专业版）或 Community Edition（社区版），如图 1-3 所示。

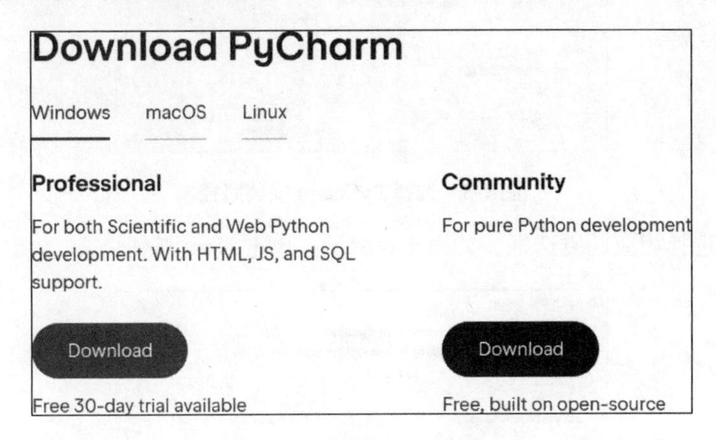

图 1-3　PyCharm 的下载页面

PyCharm 的安装步骤如下：

（1）双击下载的 PyCharm 软件，打开欢迎安装 PyCharm 界面，如图 1-4 所示。单击 Next 按钮。

图 1-4　欢迎安装 PyCharm 界面

（2）选择安装路径，可以选择默认路径，如图 1-5 所示。单击 Next 按钮。

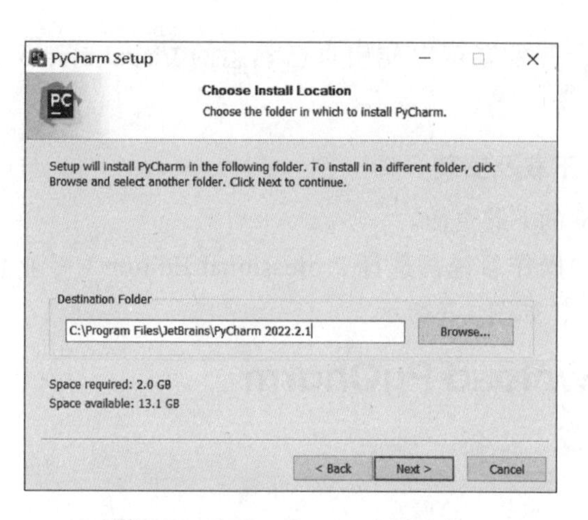

图 1-5　选择 PyCharm 安装路径

（3）选择相应的复选框，如图 1-6 所示。单击 Next 按钮。

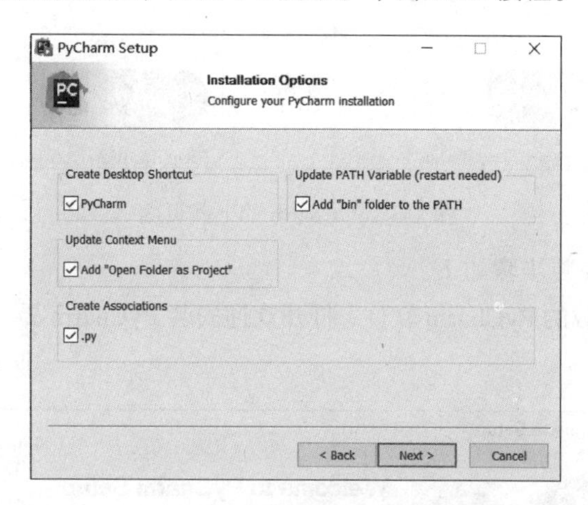

图 1-6　选择相应复选框

（4）打开 PyCharm 安装完成界面，如图 1-7 所示。单击 Finish 按钮，完成安装。

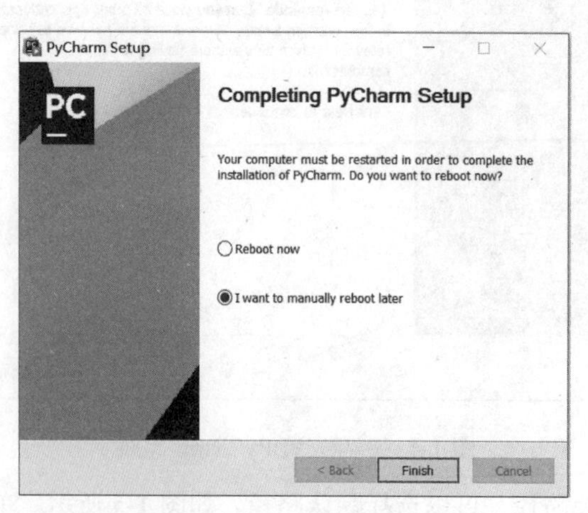

图 1-7　PyCharm 安装完成界面

2. 利用 PyCharm 创建 Flask 项目（flash-demo2）

启动 PyCharm，选择 File → New Project 命令，打开 New Project 对话框，选择左边的 Flask 选项，在右边的 Location 文本框中输入项目的位置，在 Project Interpreter 中新建虚拟环境或选择已存在的虚拟环境，如图 1-8 所示。

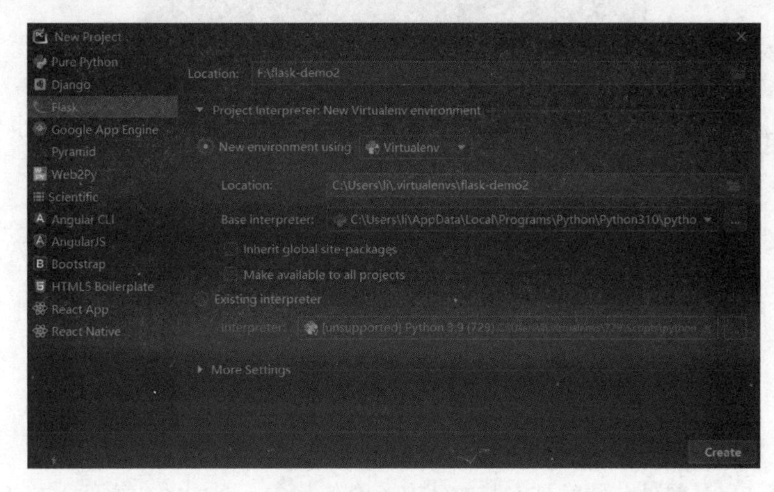

图 1-8　创建 Flask 项目

单击 Create 按钮，创建项目成功，并建立 app.py 文件内容（社区版没有自动建立文件夹及文件），如图 1-9 所示。

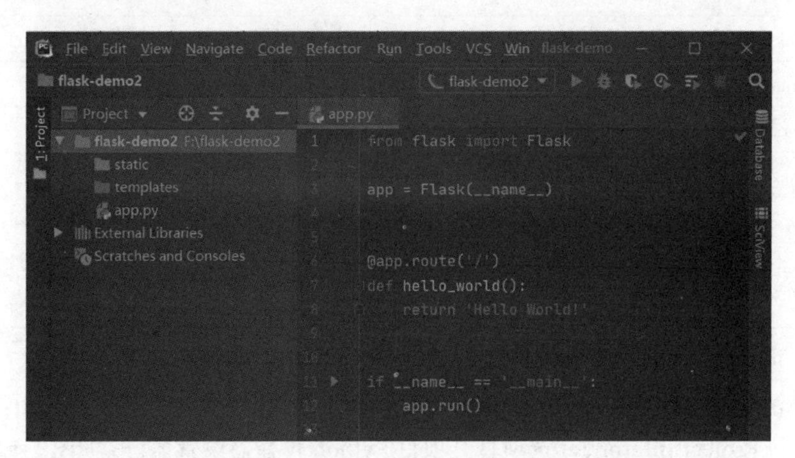

图 1-9　app.py 程序

1.3 编写 Flask 程序

编写 Flask 程序首先需要安装 Flask 框架及其依赖，然后编写程序。

1.3.1　安装 Flask

在虚拟环境下安装 Flask，如图 1-10 所示。可以根据需要指定镜像源：

笔记栏

```
pip install flask-i https://pypi.tuna.tsinghua.edu.cn/simple
```

```
(flask-demo2-aNwb6mgx) (base) F:\flask-demo2>pip install flask
WARNING: Retrying (Retry(total=4, connect=None, read=None, redirect=
Pool(host='pypi.org', port=443): Read timed out. (read timeout=15)")
Collecting flask
  Using cached Flask-2.2.3-py3-none-any.whl (101 kB)
Requirement already satisfied: Jinja2>=3.0 in c:\users\li\.virtualen
Collecting Werkzeug>=2.2.2
  Using cached Werkzeug-2.2.3-py3-none-any.whl (233 kB)
```

图 1-10　安装 Flask

使用 pip list 命令查看已安装依赖包，如图 1-11 所示。

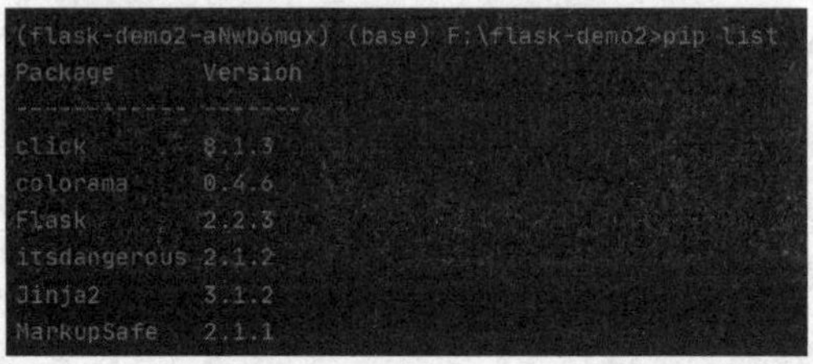

```
(flask-demo2-aNwb6mgx) (base) F:\flask-demo2>pip list
Package      Version
------------ -------
click        8.1.3
colorama     0.4.6
Flask        2.2.3
itsdangerous 2.1.2
Jinja2       3.1.2
MarkupSafe   2.1.1
```

图 1-11　查看已安装依赖包

除了 Flask 包外，同时被安装的还有 6 个依赖包，它们的功能见 1-1 表。

表 1-1　Flask 依赖包

名　称	说　明
click	命令行工具，提供用户添加自定义管理命令
colorama	颜色库
itsdangerous	提供各种加密签名功能，用于保护Flask的会话Cookie
Jinja2	模板渲染引擎，用于渲染应用程序的服务页面
MarkupSafe	HTML转义工具，在渲染模板时转义不受信任的输入，避免注入攻击
Werkzeug	WSGI具体工具包，实现HTTP请求与HTTP响应对象，内置WSGI开发服务器、调试器和重载器

在 PyCharm 项目中，安装 Flask 及依赖包有两种方法。

方法一：选择 File → Settings 命令打开设置，然后选择 Project：flask-demo2 → Project Interpreter 选项打开项目 Python 解释器设置窗口，如图 1-12 所示。

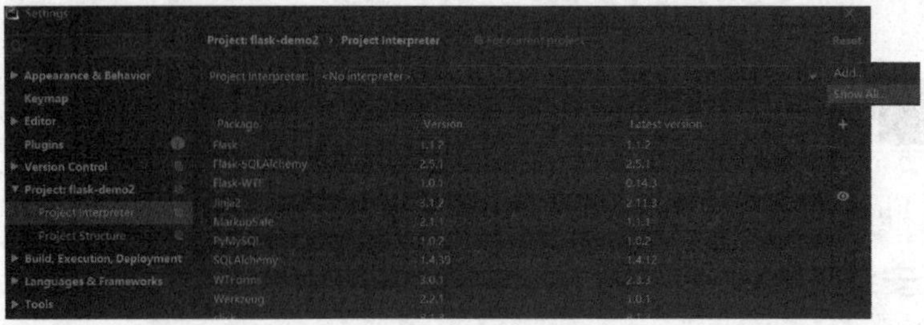

```
Settings
Project: flask-demo2 > Project Interpreter                Reset
Appearance & Behavior    Project Interpreter: <No interpreter>   Add...
Keymap                                                     Show All...
Editor                   Package           Version   Latest version
Plugins                  Flask             1.1.2     1.1.2
Version Control          Flask-SQLAlchemy  2.5.1     2.5.1
Project: flask-demo2     Flask-WTF         1.0.1     0.14.3
  Project Interpreter    Jinja2            3.1.2     2.11.3
  Project Structure      MarkupSafe        2.1.1     1.1.1
Build, Execution, Deployment  PyMySQL      1.0.2     1.0.2
Languages & Frameworks   SQLAlchemy        1.4.39    1.4.12
Tools                    WTForms           3.0.1     2.3.3
                         Werkzeug          2.2.1     1.0.1
```

图 1-12　Python 解释器设置窗口

笔记栏

单击图 1-12 中右侧的 Add 或 Show All，添加或选择 Python 项目解释器，如图 1-13 所示。

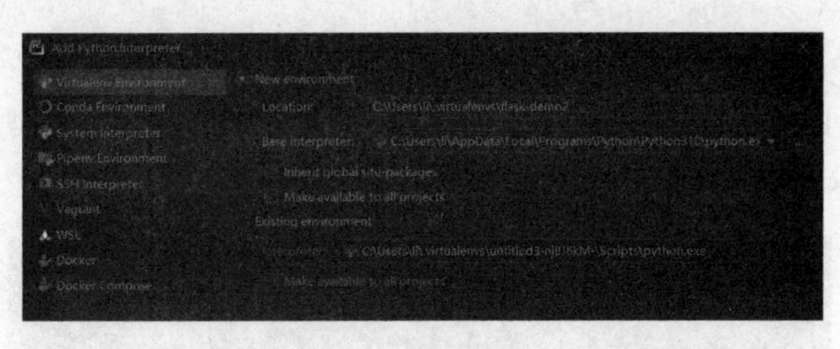

图 1-13　添加或选择 Python 项目解释器

单击“+”按钮，弹出 Available Packages 窗口，可安装所需的依赖包，如图 1-14 所示。

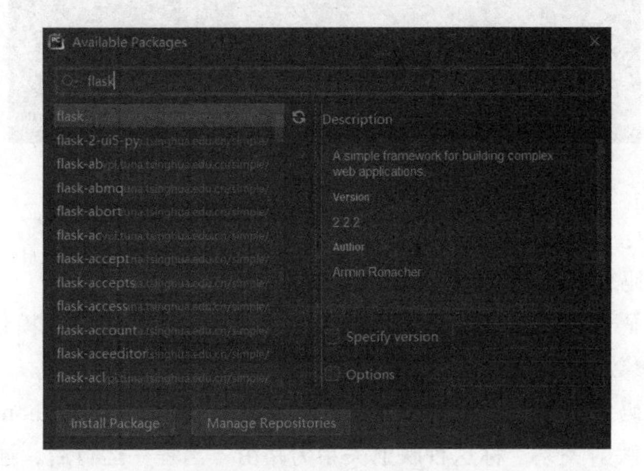

图 1-14　Available Packages 窗口

方法二：单击 PyCharm 开发工具底部的 Terminal 选项，进入命令行，如图 1-15 所示。

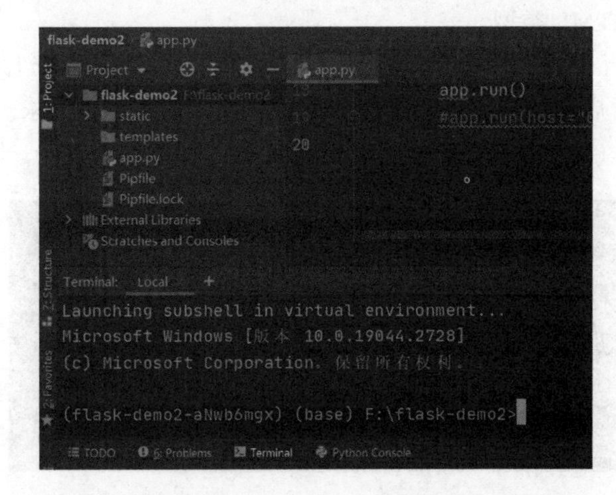

图 1-15　PyCharm Terminal 选项

笔记栏

可以通过 pip install flask 命令来安装相应的依赖包，可以通过 pip list 命令来显示已安装的依赖包。

1.3.2 编写 Flask 程序

PyCharm Professional Edition（专业版）在创建 Flask 项目时，默认建立 static 及 templates 文件夹及 app.py 程序，如图 1-16 所示。

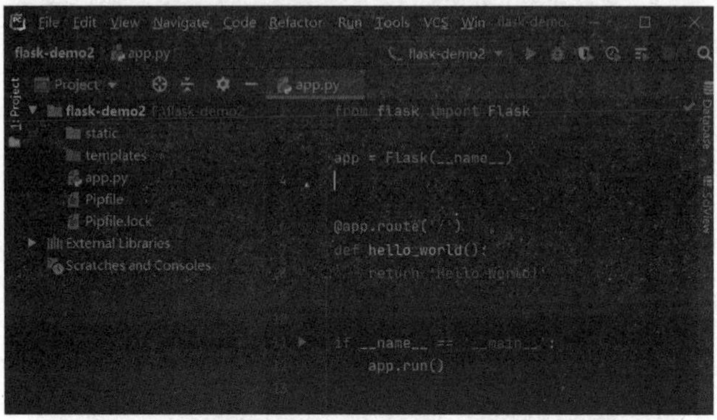

图 1-16 创建 Flask 项目

图 1-16 中：

第 1 行代码表示从 Flask 框架中导入 Flask 类；

第 3 行代码表示 Flask 实例化，其中参数 _name_ 代表这个模块或包名称，Flask 用这个参数确定程序的根目录。

第 6 行代码装饰器 @app.route() 指定了 URL（“/”）与 Python 函数（hello_world()）建立映射关系，称这种映射关系为路由，当程序运行后，通过 URL 访问映射的函数。

第 7、8 行代码定义函数及返回响应对象，hello_world() 称为视图函数，视图函数必须有返回值，返回类型可以是字符串、字典、元组、response 对象或 WSGI 接口，默认为 HTML 类型。

第 11、12 行代码表示如果 _name_=='_main_'，就启用 Web 服务来运行上面的程序，服务器启动成功，就会进入轮询状态，等待并处理请求。单击工具栏中的“运行”按钮（或按【Ctrl+Shift+F10】组合键）即可启动程序，如图 1-17 所示。

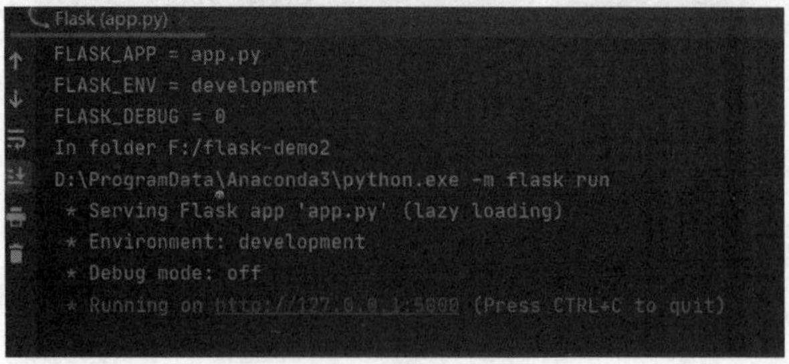

图 1-17 启动程序

笔记栏

打开浏览器，输入 http://127.0.0.1:5000/，查看运行结果，如图 1-18 所示。

图 1-18　第一个 Flask 程序

1.3.3　配置开发服务器

在 PyCharm Community Edition（社区版）中通过 app.run() 函数可以指定主机名、端口号及是否打开 debug，例如 app.run(host='0.0.0.0',port=8000,debug=True)。

在 PyCharm Professional Edition（专业版）中设置 host 和 post ，可以通过选择 Run→Edit Configurations 命令弹出的对话框中的 Additional options 选项进行，如图 1-19 所示。

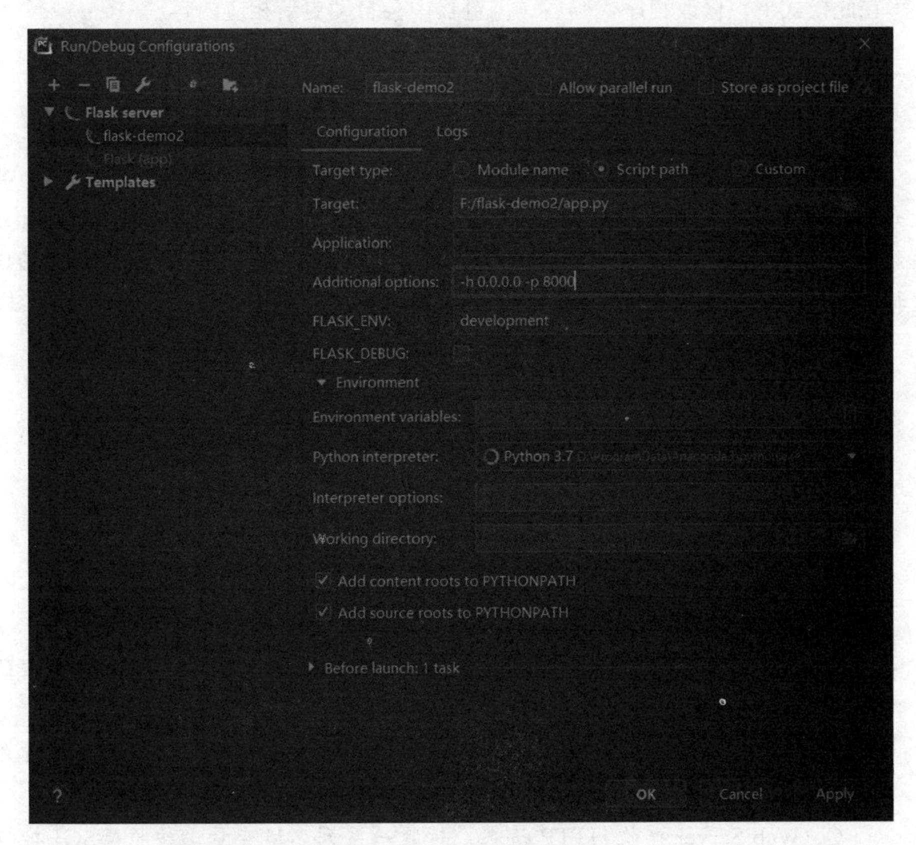

图 1-19　设置 host 和 post

笔记栏

服务器成功启动后，在浏览器中通过127.0.0.1:8000或本机IP(192.168.1.7:8000）访问URL（“/”）。

若要开启Flask-Debug（调试模式），应勾选FlASK_DEBUG复选框，服务器成功启动后，如图1-20所示。

```
FLASK_APP = app.py
FLASK_ENV = development
FLASK_DEBUG = 1
In folder F:/flask-demo2
D:\ProgramData\Anaconda3\python.exe -m flask run -h 0.0.0.0 -p 8000
 * Serving Flask app 'app.py' (lazy loading)
 * Environment: development
 * Debug mode: on
 * Running on all addresses (0.0.0.0)
   WARNING: This is a development server. Do not use it in a production deployment.
 * Running on http://127.0.0.1:8000
 * Running on http://192.168.1.7:8000 (Press CTRL+C to quit)
 * Restarting with stat
 * Debugger is active!
```

图1-20　启动调试功能

在此模式下，修改程序代码后，浏览器中会自动更新相应内容。

小　结

本章首先介绍了Python Web框架中Flask、Django、Tornado框架的优缺点；其次介绍了虚拟环境的配置及PyCharm开发环境的安装；最后着重介绍了Flask项目的结构及应用。通过本章的学习，读者能够对Flask框架有所了解，掌握如何搭建虚拟环境，如何安装依赖包，以及熟练创建Flask项目。

思考与练习

一、选择题

1. Flask框架是基于（　　）语言开发的。

   A. Java　　B. JavaScript　　C. Python　　D. Node.js

2. 下列关于WSGI说法正确的是（　　）。

   A. WSGI是Python中所定义的Web服务器和Web应用程序之间或框架之间的通用接口标准

   B. WSGI就像一座桥梁，桥梁的一端称为服务端或网关端，另一端称为应用端或者框架端，WSGI的作用就是在协议之间进行转化

   C. Web Server接收HTTP请求，封装一系列环境变量，按照WSGI接口标准调用注册的WSGI Application，最后将响应返回给客户端

笔记栏

D．uWSGI 是一个 Web 服务器，它实现了 WSGI、uwsgi、HTTP 等协议

3．pip 安装特定版本包的命令是（　　）。

A．pip install <package-name>

B．pip install <package-name>==<version>

C．pip install -U <package name>

D．pip freeze > requirements.txt

E．pip install -r requirements.txt

4．pipenv 中显示虚拟环境 Python 解释器所在路径的命令是（　　）。

A．pipenv --venv　　　　B．pipenv--py

C．pipenv graph　　　　D．pipenv　lock

5．指定 Python3.8.8 版本作为虚拟环境安装源的命令是（　　）。

A．pipenv--python 3.8.8　　　　B．pipenv install python

C．pipenv--where　　　　D．pipenv --rm

6．PyCharm 中格式化代码的快捷键是（　　）。

A．【Ctrl+Alt+L】　　　　B．【Ctrl+Alt+I】

C．【Ctrl+Alt+T】　　　　D．【Ctrl+Alt+Space】

7．Flask 提供 FLASK_ENV 环境变量用来设置环境，默认为（　　）。

A．development　　　　B．production

C．testing　　　　D．debugger

8．关于 Python 装饰器说法正确的是（　　）。

A．Python 装饰器是用于拓展原来函数功能的一种函数，其特殊之处在于它的返回值也是一个函数

B．Python 装饰器的作用是用一个新函数封装旧函数（旧函数代码不变的情况下增加功能）然后会返回一个新函数，这个新函数就称为装饰器

C．一般为了简化装饰器会用语法糖 @ 新函数来简化

D．Python 装饰器会导致被修饰函数的 _doc_、_name_ 等属性丢掉，如果要保留函数的这些属性，需要在装饰器函数中添加 functools.wrap 装饰器

9．设有代码 app.run(host ='0.0.0.0' port = 8000 debug=True)，则另一台机器可正常访问的是输入（　　）。

A．127.0.0.1:8000　　　　B．localhost:8000

C．< 本机 IP>:8000　　　　D．0.0.0.0:8000

10．以下是 Python Web 框架的为（　　）。

A．Django　　　　B．Tornado

C．Laravel　　　　D．Struts 2

笔记栏

二、实践题

1．已知程序 a.py 中的代码为 print(_name_)，程序 b.py 中的代码为 import a print(_name_)，分别运行 a.py 和 b.py，查看各自运行结果。

2．已知程序 app.py 中的代码如图 1-21 所示，查看程序运行结果。

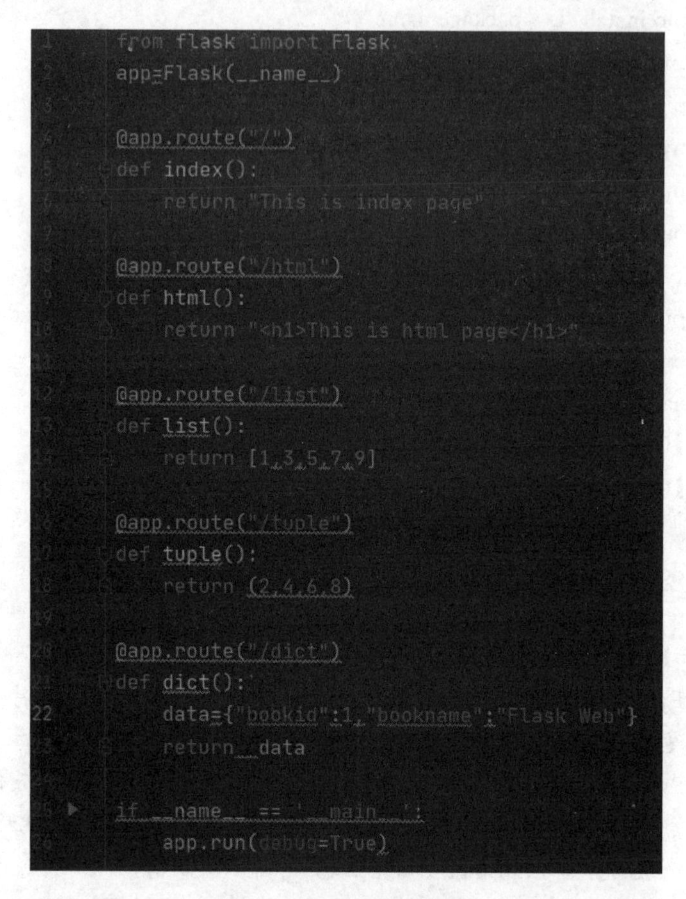

图 1-21　app.py 程序代码

3．编写程序，实现如下功能：单击 index 超链接，显示如图 1-22 所示的内容；单击 about 超链接，显示如图 1-23 所示的内容。

图 1-22　index 页面

笔记栏

图 1-23 about 页面

4. 在 PyCharm 中创建 Flask 项目，利用图 1-24 中 New environment using 下拉列表框中的不同选项创建新项目，注意它们之间的不同。

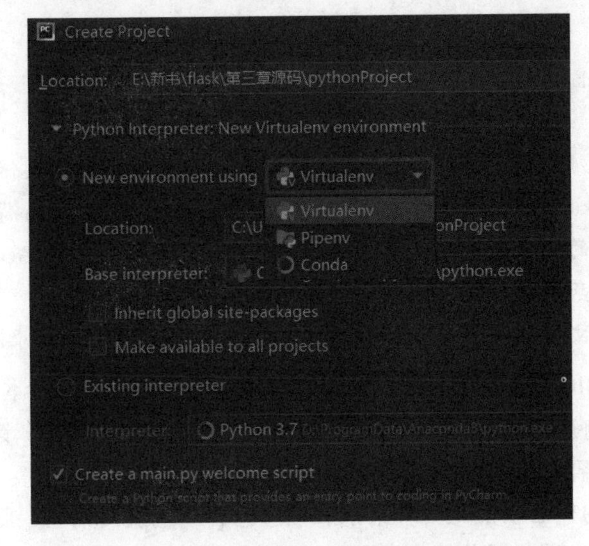

图 1-24 PyCharm 中 New environment using 选项

5. 利用 Visual Studio Code 集成开发环境，创建虚拟环境并创建 Flask 应用程序。

第2章 Flask视图技术

笔记栏

学习目标

✓ 了解Flask处理HTTP请求与响应的流程，能够使用HTTP访问Web服务器。

✓ 掌握URL传递参数的方式，能够使用不同方式向视图函数传递参数。

✓ 掌握Cookie与Session的原理，能够使用Cookie与Session保存用户数据。

✓ 掌握蓝图的定义及引用，能够使用蓝图将Flask项目模板化。

✓ 掌握钩子函数的使用，能够在程序中运用钩子函数。

✓ 了解上下文的相关内容，能够通过上下文处理程序中的请求。

通过第1章的学习，读者对Flask框架有了初步的认识，本章将详细介绍HTTP的请求与响应、URL传递参数、Cookie与Session、蓝图、钩子函数及上下文对象等相关内容。

Flask框架的核心功能是处理请求和响应。客户端发出请求，服务端处理请求并返回响应，客户端和服务端之间通过HTTP实现交互。

2.1 HTTP请求

在WWW上，每一个信息资源都有统一的且唯一的地址，该地址就叫URL（Uniform Resource Locator，统一资源定位器），它是WWW的网络地址。

URL的一般语法格式为：

```
protocol :// hostname[:port] / path / [:parameters][?query]
[#fragment]
```

其中：

protocol（协议），常用的协议有HTTP、HTTPS、FTP、mailto及MMS等，指定使用的传输协议。

hostname（主机名），存放资源服务器的域名系统（DNS）主机名或IP地址。

port（端口号），各种传输协议都有默认的端口号，如HTTP的默认端口为

80，如果输入时省略，则使用默认端口号。若采用非标准端口号，URL 中就不能省略端口号，Flask 中端口号采用 5000。

path（路径），由零个或多个“/”符号隔开的字符串，一般用来表示主机上的一个目录或文件地址。

parameters（参数），用于指定特殊参数的可选项，由服务器端程序自行解释。

query（查询），用于给动态网页传递参数，可有多个参数，用“&”符号隔开，每个参数的名和值用“=”符号隔开。

fragment（信息片段），用于指定网络资源中的片段。例如，一个网页中有多个名词解释，可使用 fragment 直接定位到某一名词解释（俗称锚点）。

例如：

```
https://blog.csdn.net/csdnnews/article/details/126416664?spm=1000.2115.3001.5927
```

其中，https 表示协议、blog.csdn.net 表示主机名，端口默认为 443，csdnnews/article/details/126416664 表示路径，spm=1000.2115.3001.5927 表示查询。

2.1.1 HTTP 请求报文

浏览器访问 URL 时，浏览器与服务器之间的交互数据统称为报文（message），请求时浏览器发送的数据称为请求报文（request message），服务器返回的数据称为响应报文（response message）。

请求报文由请求行（request line）、请求头部（header）、空行和请求数据四部分组成。其中请求行中包括请求的 URL、方法和协议版本等信息，访问某一网址，浏览器开发者工具显示如图 2-1 所示。

▼常规
请求网址: https://g.csdnimg.cn/tingyun/tingyun.js （URL）
请求方法: GET （请求方法）
状态代码: ● 304 （状态码）
远程地址: 111.20.14.172:443
引荐来源网址政策: unsafe-url
▶响应标头
▼请求标头
:authority: g.csdnimg.cn
:method: GET
:path: /tingyun/tingyun.js
:scheme: https
accept: */* （客户机支持的数据类型）
accept-encoding: gzip, deflate, br （数据压缩格式）
accept-language: zh-CN,zh;q=0.9 （客户机采用的编码）

图 2-1　HTTP 请求

笔记栏

在请求行中请求的方法通常有以下几种：

（1）GET 向特定的资源发出请求。

（2）Post 向指定资源提交数据进行处理请求（如提交表单或者上传文件）。

（3）PUT 向指定资源位置上传内容。

（4）DELETE 请求服务器删除 Request-URL 所标识的资源。

（5）TRACE 回显服务器收到的请求，主要用于测试或诊断。

（6）HEAD 获取报文首部。

（7）OPTION 返回服务器针对特定资源所支持的 HTTP 请求方法。

2.1.2 request 对象

request 请求对象封装了从客户端发来的请求报文信息，从 request 对象上可获取请求报文中的所有数据。其大部分功能是由依赖包 Werkzeug 完成的，Flask 做了一些特定功能的封装，形成了 request 请求对象。常见 request 对象的属性 / 方法见表 2-1。

表 2-1　常见 request 对象的属性 / 方法

属性/方法	说　明	类型/值
url	当前请求的URL	string
url_boot	当前请求的URL，包括协议、主机名及路径	string
base_url	当前请求的URL，包括协议及主机名	string
path	当前请求中的文件	string
full_path	当前请求中的文件及参数	string
host	当前请求中的主机名	string
host_url	当前请求中的协议及主机名	string
args	Werkzeug的ImmutableMultiDict对象。存储解析后的查询字符串，可通过字典方式获取键值。如果想获取未解析的原生查询字符串，可以用query_string属性	dict
blueprint	当前蓝本的名称	string
cookies	所有请求提交的Cookies的字典	dict
data	包含字符串形式的请求数据	*
endpoint	当前请求相匹配的端点值	string
files	Werkzeug的MultiDict对象，包含所有上传文件，可以使用字典的形式获取文件。键名为input标签中的name值，对应的值为Werkzeug的FileStorage对象。可以调用save()方法并传入保存路径来保存文件	*
values	Werkzeug的CombinedMultiDict对象，结合了args和form属性的值,get_data（cache=True,as_text=False,parse_from_data=False）：获取请求中的数据，默认读取为字节字符串（bytestring），将as_text设为True则返回值将是解码后的unicode字符串	dict

续表　　笔记栏

属性/方法	说　明	类型/值
get_data(cache=True,as_text=False,parse_from_data=False)	获取请求中的数据，默认读取为字节字符串（bytestring），将as_text设为True，则返回值将是解码后的unicode字符串	string
get_json(self,force=False,silent=False,cache=True)	作为json解析并返回数据，如果MIME类型不是json，则返回None（除非force设为True）；解析出错则抛出Werkzeug提供的BadRequest异常（如果未开启调试模式，则返回400错误响应），如果silent设为True，则返回None；cache设置是否缓存解析后的json数据	dict
headers	一个Werkzeug的EnvironHeaders对象，包含首部字段，可以以字典的形式操作	dict
json	包含解析后的json数据，内部调用get_json()，可通过字典的方式获取键值	json
method	请求的HTTP方法	
referrer	请求发起的源URL，即referer	string
scheme	请求的URL模式	http/https
user_agent	用户代理（User Agent, UA），包含了用户的客户端类型、操作系统类型等信息	string

程序 flask-demo3 实现了 request 对象的部分属性，代码如图 2-2 所示。

```
@app.route('/requestInfo')
def requestInfo():
    print("1.request.url:",request.url)
    print("2.request.base_url:",request.base_url)
    print("3.request.url_root:", request.url_root)
    print("4.request.path:",request.path)
    print("5.request.full_path:",request.full_path)
    print("6.request.host:",request.host)
    print("7.request.host_url:",request.host_url)
    print("8.request.json:",request.method)
    print("9.request.json:",request.referrer)
    print("10.request.json:",request.scheme)
    print("11.request.json:",request.user_agent)
    print("12.request.args:",request.args["date"])
```

图 2-2　request 对象部分请求属性

url 访问地址为 127.0.0.1:5000/requestInfo?date=2022，其运行结果如图 2-3 所示。

```
1.request.url: http://127.0.0.1:5000/requestInfo?date=2022
2.request.base_url: http://127.0.0.1:5000/requestInfo
3.request.url_root: http://127.0.0.1:5000/
4.request.path: /requestInfo
5.request.full_path: /requestInfo?date=2022
6.request.host: 127.0.0.1:5000
7.request.host_url: http://127.0.0.1:5000/
8.request.json: GET
9.request.json: None
10.request.json: http
11.request.json: Mozilla/5.0 (Windows NT 10.0; WOW64) AppleWebKit/537.36 (KHTML, like Gecko)
12.request.args: 2022
```

图 2-3　request 对象程序运行结果

笔记栏

2.1.3 URL 传递参数

Flask 中通过 URL 可以传递参数。传递参数的方法有两种：

一种传递参数方式是通过 <converter:variable> 实现，参数放在一对 <> 内；视图函数中需要设置同 URL 相同的参数名，converter 是类型名称。Flask 中 URL 转换器见表 2-2。

表 2-2 Flask 中 URL 转换器

转换器	说 明
string	默认值，不包含斜线的字符串
int	整数
float	浮点数
path	可以包含斜线的字符串
any	可以匹配多个给定值中的一个；若不存在，则显示出错信息
uuid	基于当前时间、计数器和硬件标识等数据计算生成的通用唯一识别码（Universally Unique Identifier），如1e4b0580-fe66-418e-a1ad-8e64ce02c721

示例程序 flask-demo4 的代码如下：

```
1    from flask import Flask
2    app=Flask(_name_)
3    @app.route("/")
4    def index():
5        return "index"
6    # 字符串
7    @app.route("/index1/<name>")
8    def index1(name):
9        print(type(name))  #<class 'str'>
10       return 'hello {}'.format(name)
11   # 整数
12   @app.route('/index2/<int:num>')
13   def index2(num):
14       print(type(num))   #<class 'int'>
15       return '当前是第{}页'.format(num)
16   # path
17   @app.route("/index3/<path:subpath>")
18   def index3(subpath):
19       print(type(subpath)) #<class 'str'>
20       return "传递的子路径{}".format(subpath)
21   # any
22   @app.route("/index4/<any(apple,banner,pear):fruit>")
```

笔记栏

```
23    def index4(fruit):
24        print(type(fruit))  #<class 'str'>
25        if fruit=="apple":
26            return "你喜爱的水果是苹果"
27        elif fruit=="banner":
28            return "你喜爱的水果是香蕉"
29        elif fruit=="pear":
30            return "你喜爱的水果是酥梨"
31    # uuid
32    import uuid

33    uid=uuid.uuid4()  #生成一个 uuid 格式的对象
34    print(uid)
35    @app.route("/index5/<uuid:uid>")
36    def index5(uid):
37        print(type(uid))  #<class 'uuid.UUID'>
38        return "当前 uid 为 {}".format(uid)
39    if _name_ == '_main_':
40        app.run(debug=True
```

程序运行结果如图 2-4 所示。

图 2-4　URL 参数传递程序运行结果

另一种传递参数方式称为查询字符串，通过“/ 路径 ? 参数名 1= 参数值 1& 参数名 2= 参数值 2...”来实现，若监听的方法是 GET，则通过 request.args.get('参数名')获取，若监听的方法是 POST，则提示“Method Not Allowed”错误信息，默认监听方法是 GET。

示例程序 flask-demo5 的代码如下：

```
1    From flask import Flask,request
2    app=Flask(_name_)
```

笔记栏

```
3    @app.route("/gettest")
4    def gettest():
5        return  "你的姓名{}年龄{}".format(request.args.
get("name"),request.args.get("age"))
6    @app.route("/posttest",methods=["POST"])
7    def posttest():
8    return  request.form.get("name")+request.form.get("age")
9    #return request.values.get("name")+request.values.
get("age")
```

代码中通过 request.args.get("key") 方法获取 get() 方法传递参数的值，通过 request.form.get("key") 方法获取 post() 方法传递参数的值，request.values.get("key") 可获取 get() 和 post() 方法传递的参数值。

注意：request.args.get("key") 与 request.args["key"] 的区别在于，当没有指定 key 参数时，request.args.get("key") 返回值为 None, request.args["key"] 出错。

程序运行结果如图 2-5 和图 2-6 所示。

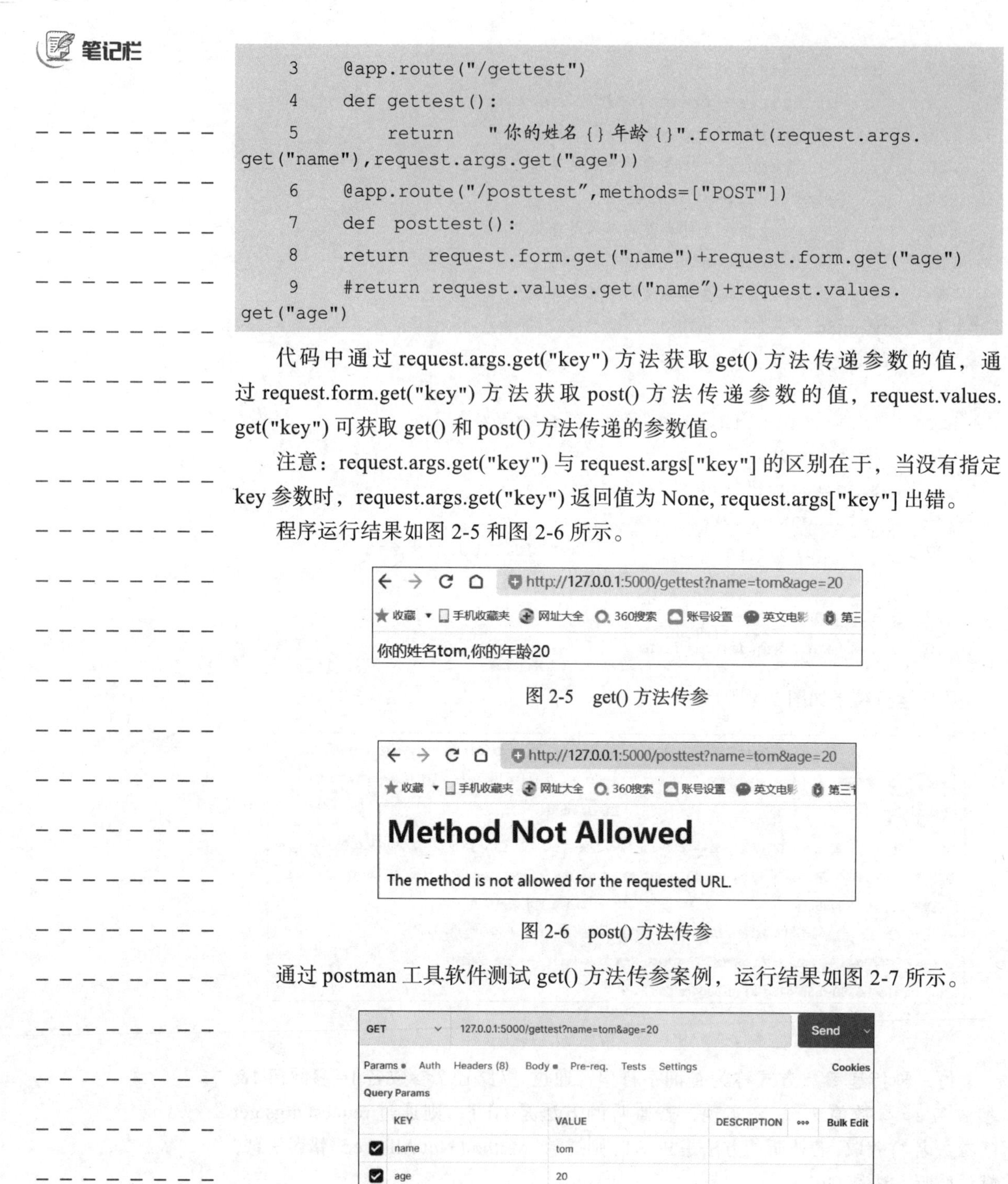

图 2-5　get() 方法传参

图 2-6　post() 方法传参

通过 postman 工具软件测试 get() 方法传参案例，运行结果如图 2-7 所示。

图 2-7　postman 测试 get() 方法

笔记栏

通过 postman 工具软件测试 post() 方法传参案例，运动结果如图 2-8 所示。

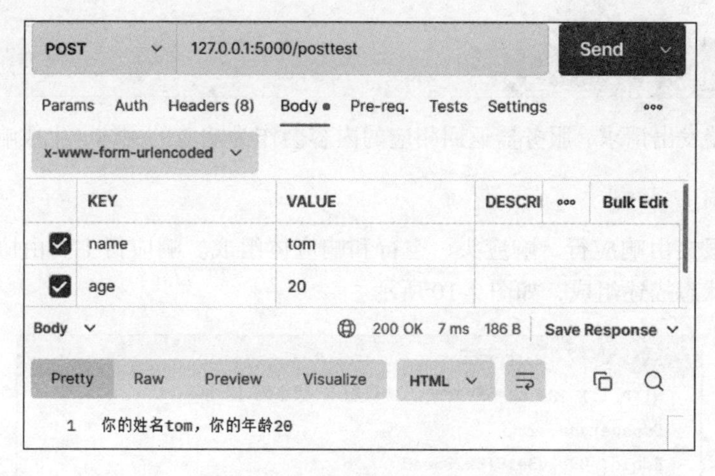

图 2-8 postman 测试 post() 方法

两种传递参数方式各有优劣：在 URL 中定义参数可以约束数据类型，提高程序的健壮性，同时有利于SEO优化；查询字符串传递参数不用修改URL，灵活方便。

2.1.4 URL 反转

大多数情况下通过 URL 访问视图函数，若需要根据视图函数得到所指的 URL 时，称为 URL 反转，可以通过 url_for() 函数来实现反转，视图函数名作为第一个参数，也接收对应 URL 规则的变量。未知变量会添加到 URL 尾部作为查询参数。

示例程序 flask-demo6 的代码如下：

```
1    from flask import Flask,url_for
2    app=Flask(_name_)
3    @app.route('/')
4    def index():
5        url=url_for("prod",id=10)
                      # 视图函数 prod，参数 10，反转 url 为 /prod/10
6        return "url 反转内容 {}".format(url)
7    @app.route("/prod/<id>")
8    def prod(id):
9        return "您所需的产品编号是 {}".format(id)
```

程序运行结果如图 2-9 所示。

图 2-9 url-for() 运行结果

笔记栏

2.2 HTTP 响应

客户端发出请求，服务器返回相应的内容会作为响应的主体，生成响应报文。

2.2.1 响应报文

响应报文由响应行、响应头、空行和响应体组成。响应行主要由协议版本、状态码及状态描述组成，如图 2-10 所示。

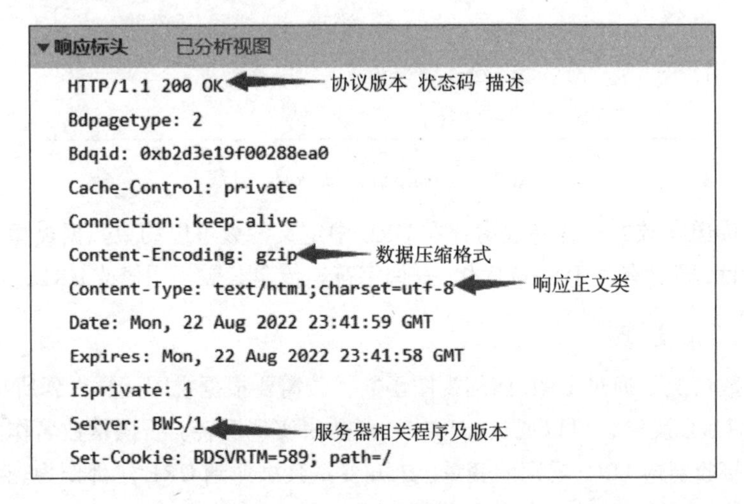

图 2-10 response 响应头

HTTP 响应状态码标识响应的状态，响应状态码会随着响应消息一起被发送至客户端浏览器，浏览器根据服务器返回的响应状态码，判断本次 HTTP 请求的结果是成功还是失败。HTTP 状态码由三个十进制数字组成，第一个数字代表状态码的类型，后两个数字用来对状态码进行细分。常见 HTTP 响应状态码及说明见表 2-3。

表 2-3 常见 HTTP 响应状态码及说明

状态码	英文描述	说 明
200	ok	请求成功。一般用于 GET 与 POST 请求
302	Found	临时移动。与301类似。但资源只是临时被移动。客户端应继续使用原有URL
400	Bad Request	客户端请求的语法错误，服务器无法理解
401	Unauthorized	请求要求用户的身份认证
403	Forbidden	服务器理解请求客户端的请求，但是拒绝执行此请求
404	Not Found	服务器无法根据客户端的请求找到资源
500	Internal Server Error	服务器内部错误，无法完成请求

笔记栏

2.2.2　response 对象

response 对象负责对客户端的响应，每一个请求都会有一个 response 对象，Flask 先匹配请求 URL 的路由，调用对应的视图函数，视图函数的返回值构成了响应报文的主体内容。

如果视图函数只返回一个元素，则 Flask 会创建 response 对象，response 将该返回值作为主体内容，状态码默认为 200，MIME 类型为 text/html，然后返回 response 对象。

其实视图函数可以返回最多由三个元素组成的元组：响应主体、状态码、首部字段，可以设置三个元素的值，也可以通过 make_response() 函数构建 response 响应对象，设置一些参数（如状态码、响应头等）后，然后直接返回 response 响应对象。

示例程序 flask-demo7 的代码如下：

```
1    @app.route("/res1")
2    def res1():
3        # 等价于返回 Response("respinse 默认 ", status=200,
         mimetype="text/html")
4        return "response 默认 "
5    @app.route("/res2")
6    def res2():
7        return "response 三个参数 ",201,{"addheader":"response"}
8    @app.route("/res3")
9    def res3():
10       res=make_response(" 通过创建 response 对象设置三个参数 ",202)
11       res.headers["addheader"] = "response"
12       return res
```

程序运行结果如图 2-11 所示，同时查看浏览器开发者工具。

图 2-11　response 响应内容

在 HTTP 响应中，数据可以通过多种格式传输，通过设置响应头中 Content-Type 的值确定响应格式，默认为 text/html, 当需要返回 JSON 格式时，可设置类型为 application/json。示例代码如下：

笔记栏

```
1    @app.route("/res4")
2    def res4():
3        data={
4            "book":{
5            "bookid":1,
6            "bookname":"flask web",
7            "bookprice":50
8            }
9        }
10       json_data=json.dumps(data) # 将数据序列化 Json 字符串
11       res=make_response(json_data)
12       res.mimetype="application/json"
13       #res.headers["Content-Type"]="application/json"
14       return res
15
16   @app.route("/res5")
17   def res5():
18       data={
19           "book":{
20           "bookid":1,
21           "bookname":"flask web",
22           "bookprice":50
23           }
24       }
25       return jsonify(data)
```

示例中，首先从 FLask 中导入 JSON 对象，然后调用 dumps() 方法将字典、列表或元组序列化为 JSON 字符串，再修改 MIME 类型，即可返回 JSON 响应。Flask 还提供了更方便的 jsonify() 方法，仅需要传入数据或者参数等，自动对传入的数据进行序列化，转换成 JSON 字符串作为响应的主体，然后生成一个响应对象，并且自动设置 MIME 类型，可以传入普通参数，也可以传入关键字参数，使用非常方便。程序运行结果如图 2-12 所示。

2.2.3 URL 重定向

Flask 中提供重定向函数 redirect()，该函数的功能是跳转到指定的 URL，当 response 对象返回时，可重新指向指定的 URL。

当响应错误时，Flask 会自动处理常见的错误响应，当用户想更改错误响应时，可通过 abort(状态码) 函数来实现，在 abort() 函数中传入状态码即可返回对应的错误响应，并通过 @app.errorhandler(状态码) 装饰器处理错误。

笔记栏

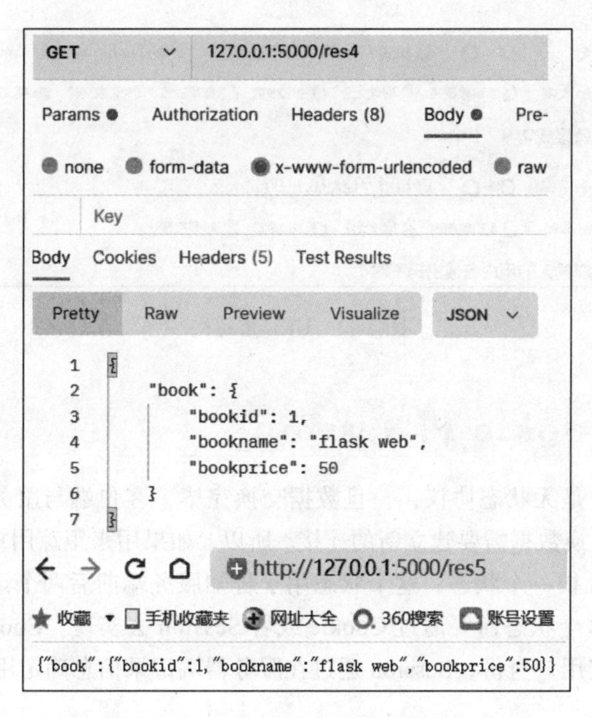

图 2-12 response 响应不同格式的数据

示例程序 flask-demo8 的代码如下：

```
1   @app.route("/")
2   def root():
3       return redirect(url_for("index"))
4   @app.route('/index')
5   def index():
6       return 'index'
7   # abort 中断
8   # http://127.0.0.1:5000/login?name=tom&pwd=123456
9   @app.route("/login", methods=['GET'])
10   def login():
11       name=request.args.get("name")
12       pwd=request.args.get("pwd")
13       if name!="tom" or pwd!="123456":
14           abort(404)
15       return "登录成功"
16   @app.errorhandler(404)
17   def no_found(error):
18    return "您输入的用户名或密码不对"
```

程序运行结果如图 2-13 所示。

笔记栏

图 2-13　URL 重定向

2.3 Cookie 和 Session

由于 HTTP 是无状态协议，一旦数据交换完毕，客户端与服务器端的连接就会关闭，再次交换数据需要建立新的连接。所以，如果用来跟踪用户的整个会话，就必须主动去维护一个状态，这个状态用于告知服务端前后两个请求是否来自同一浏览器。而这个状态需要通过 Cookie 或者 Session 去实现。Cookie 通过在客户端记录信息确定用户身份，Session 通过在服务器端记录信息确定用户身份。

2.3.1　Cookie

Cookie 是某些网站为了辨别用户身份，进行会话跟踪而存储在用户本地终端上的数据，由用户客户端计算机暂时或永久保存。

Cookie 文本信息中定义了一些 HTTP 请求头和 HTTP 响应头，通过这些 HTTP 头信息使服务器与客户进行状态交互。当客户端请求服务器后，如果服务器需要记录用户状态，服务器会在响应信息中包含一个 set-cookie 的响应头，客户端会根据这个响应头存储 Cookie 信息。再次请求服务器时，客户端会在请求信息中包含一个 Cookie 请求头，而服务器会根据这个请求头进行用户身份、状态等校验，如图 2-14 所示。

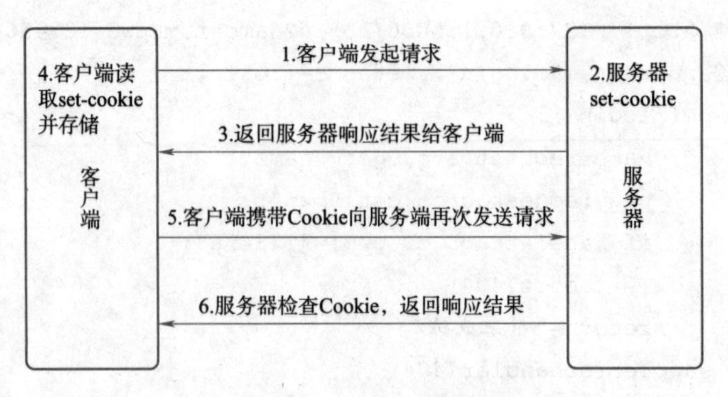

图 2-14　Cookie 示意图

Cookie 中内容通过 set_cookie(name,value,expire,path,domain,secure) 设置，其中各参数的功能见表 2-4。

笔记栏

表 2-4　Cookie 常用参数

参数	类型	说　明
name	string	必需项，该Cookie的名称
value	object	必需项，该Cookie的值
maxAge	int	可选项，该Cookie失效时间，单位为秒。如果为正数，则该Cookie在maxAge秒后失效。如果为负数，该Cookie为临时Cookie，关闭浏览器失效，如果为0，表示删除该Cookie。默认为-1
exprie	datetime	可选项，规定该Cookie的有效期
path	string	可选项，规定Cookie在当前Web下哪些目录有效
domain	string	可选项，规定Cookie作用的有效域名
secure	boolean	可选项，规定Cookie是否支持HTTPS、SSL等安全协议，默认为False

Flask 的 request 对象中能过键名可获取对应的值，通过 response 对象的 set_cookie() 或表单头来设置 Cookie 的值，能过 delete_cookie() 删除某个 cookie。

示例程序 flask-cookie 代码如下：

```
1    # 设置 Cookie
2    @app.route('/set_cookie')
3    def set_cookie():
4        resp=make_response("create a cookie")
5        # 设置 Cookie，默认有效期是临时 Cookie，浏览器关闭就失效
6        resp.set_cookie("name1","Python1")
7        # 过期时间为北京时间 2023-12-31 23:59:59
8        resp.set_cookie("name2","Python2",expires=datetime
                        (2023,12,31,15,59,59))
9        # 过期时间 3 600 s
10       resp.set_cookie("name3","Python3",max_age=3600)
11       # 通过表单头来实现 Cookie 设置
12       resp.headers["Set-Cookie"]="name4=python4;Max-Age=200"
13       return resp
14
15    # 获取 Cookie
16    @app.route('/get_cookie/<name>')
17    def get_cookie(name):
18        cookie=request.cookies.get(name)
19        return cookie
20
21    # 删除 Cookie
22    @app.route('/delete_cookie/<name>')
```

笔记栏

```
23    def delete_cookie(name):
24        resp=make_response('delete_cookie success')
25        resp.delete_cookie(name)
26        return resp
```

程序运行结果如图 2-15~ 图 2-17 所示。

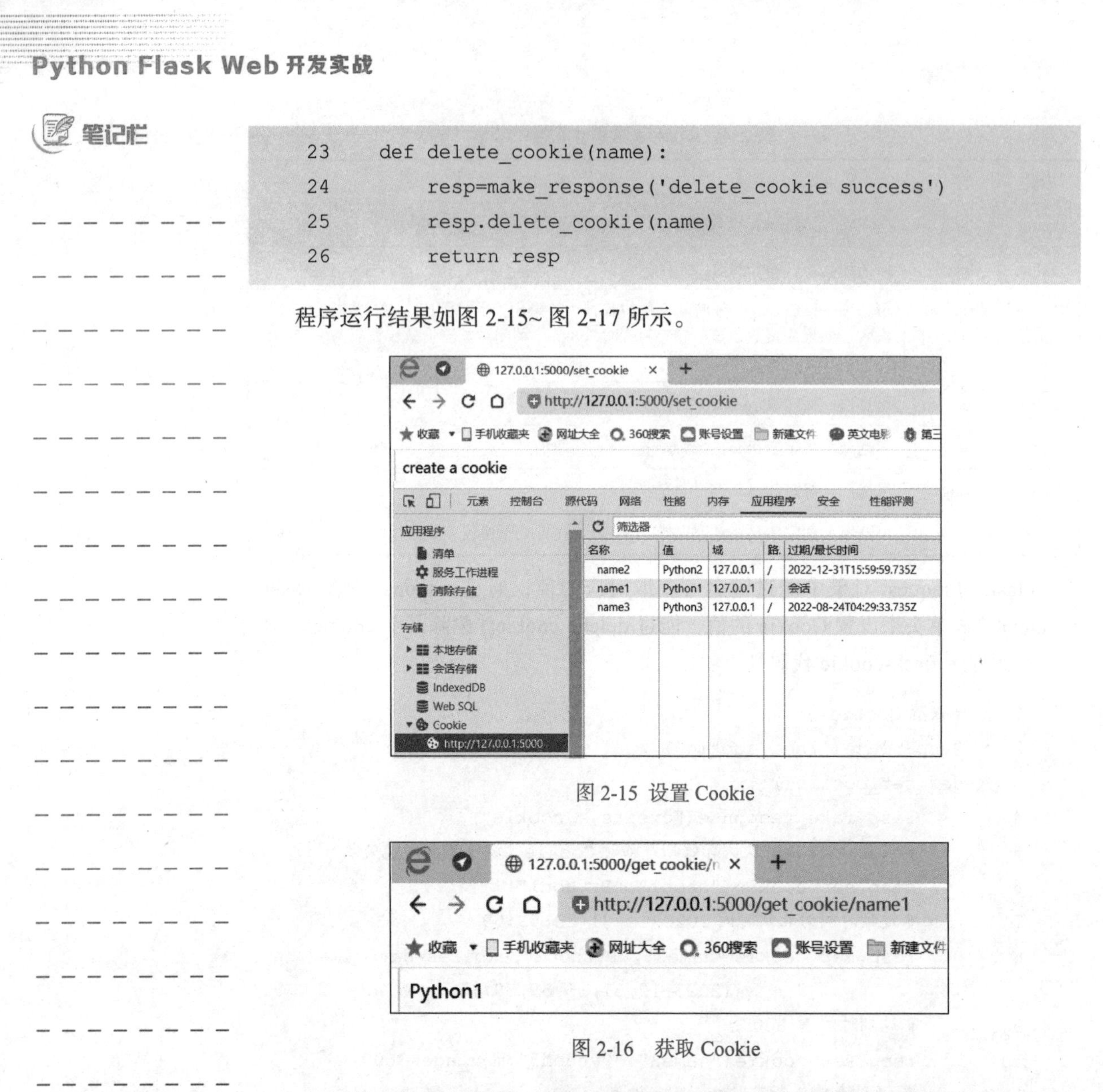

图 2-15 设置 Cookie

图 2-16 获取 Cookie

图 2-17 删除 Cookie

2.3.2 Session

Session 是另一种记录客户状态的机制。Cookie 保存在客户端浏览器中，而 Session 保存在服务器上。客户端浏览器访问服务器的时候，服务器把客户端信息以某种形式记录在服务器上。客户端再次访问时只需要从该 Session 中查找该客户的状态即可，如图 2-18 所示。

笔记栏

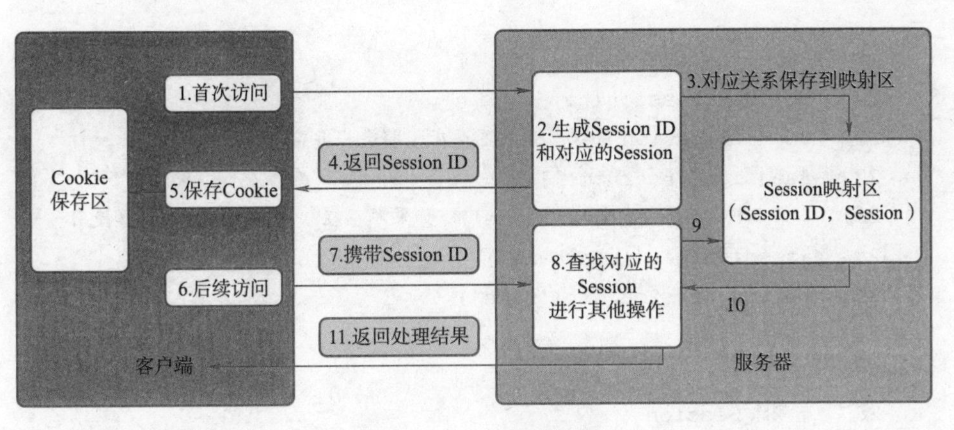

图 2-18 Session 示意图

Flask 提供了 Session 对象来操作用户会话。Session 是基于 Cookie 实现，保存在服务端的键值对（形式为 { 随机字符串：'xxxxxx'} ），同时在浏览器中的 Cookie 中也对应一相同的随机字符串，用来再次请求的时候验证。

由于 Flask 中的 Session 在浏览器中是加密的 Cookie，因此使用 Session 时要设置一个密钥 app.secret_key。

Flask 中 Session 可以实现设置、获取、删除及清空，同时可设置 Session 的过期时间。

示例程序 flask-session，代码如下：

```
1    from flask import Flask,session
2    from datetime import timedelta
3    import os
4
5    app=Flask(_name_)
6    app.config['SECRET_KEY']=os.urandom(24) #设置密钥
7    app.config['PERMANENT_SESSION_LIFETIME']=timedelta(days=10)
     # 配置 10 天有效
8
9    #设置 session
10   @app.route('/set_session')
11   def set_session():
12   session['name']='tom'    #设置"字典"键值对
13   session.permanent=True   #设置 session 的有效时间是否有效
14
15      return 'set session'
16
17
18   #读取 Session
```

笔记栏

```
19  @app.route('/get_session')
20  def get_session():
21  # 第一种 session 获取，如果不存在，将会报异常
22  #session['username']
23  # 第二种 session.get('name')，如果不存在，将返回 None 推荐使用
24  #session.get('username')
25  return session.get('name')
26
27
28  # 删除 Session
29  @app.route('/delete_session/')
30  def delete():
31      session.pop('name')
32      # 或者 session.pop('name',None)
33      # 或者 session['name']=False
34
35      return 'delete success'
36
37
38  # 清除 Session 中所有数据
39  @app.route('/clear_session')
40  def clear_session():
41      # 清除 Session 中所有数据
42      session.clear
43      return 'clear success'
44
```

程序运行结果如图 2-19~ 图 2-22 所示。

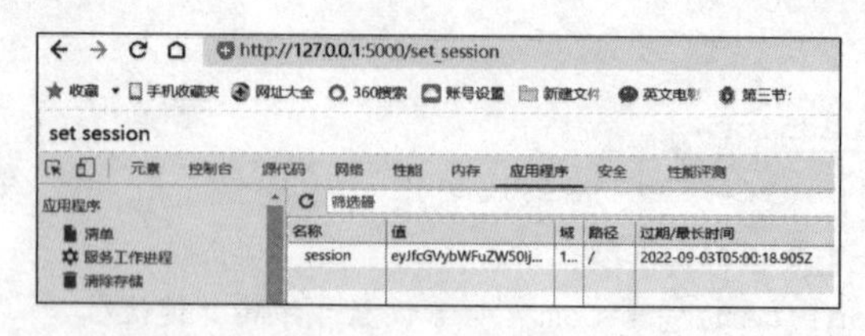

图 2-19　设置 Session

图 2-20　获取 Session

笔记栏

图 2-21　删除 Session

图 2-22　清空 Session

2.4 Blueprint

程序开发过程中，随着业务代码的增加，将所有代码放到一个文件中越来越不合适，如何使程序结构清晰呢？通常采用模块化 / 分层组织代码，将程序代码按功能或业务写到不同的文件（模块），最后将这些文件汇总起来。

Flask 中提供的 Blueprint（蓝图）可实现在不同模块中创建 Blueprint 对象并注册路由，最后在主视图中导入模块，并且注册蓝图对象即可。

程序中三个文件分别是 user.py、news.py、app.py。

1. user.py

代码如下：

```
1    from flask import Blueprint
2    # Blueprint 两个参数 ('蓝图名字', 蓝图所在位置 ')
3    user_blue=Blueprint("user",_name_)    # 创建一个蓝图
4    @user_blue.route("/user")
5    def user():
6        return "这是用户模块"
```

2. news.py

代码如下：

```
1    from  flask  impor t Blueprint
2    #Blueprint 三个参数 ('蓝图名字', 蓝图所在位置 ',url 前缀)
     注意：url 前缀对该蓝图下所有 route 都起作用
3    # 创建一个蓝图前设置前缀
4    news_blue=Blueprint("news",_name_,url_prefix='/sdy')
5    @news_blue.route("/news")
6    def news():
```

笔记栏

```
7     return "这是新闻模块"
8     @news_blue.route("/news/<id>")
9     def news_id(id):
10    return "这是{}条新闻模块".format(id)
```

3. app.py

代码如下：

```
1     from flask import Flask
2     # 导入模块
3     import  user,news
4     app=Flask(_name_)
5     @app.route('/')
6     def index():
7         return 'index'
8     # 将user模块里的蓝图对象user_blue注册到app
9     app.register_blueprint(user.user_blue)
10    # 将news模块里的蓝图对象news_blue注册到app
11    app.register_blueprint(news.news_blue)
```

程序运行结果如图 2-23~ 图 2-25 所示。注意：news 模块访问时要添加前缀。

http://127.0.0.1:5000/user

收藏 手机收藏夹 网址大全 360搜索 账号设置

这是用户模块

图 2-23　访问 user 模块

http://127.0.0.1:5000/sdy/news

收藏 手机收藏夹 网址大全 360搜索 账号设置

这是新闻模块

图 2-24　访问 news 模块

http://127.0.0.1:5000/sdy/news/5

收藏 手机收藏夹 网址大全 360搜索 账号设置

这是5条新闻模块

图 2-25　访问 news 模块的 news_id 方法

总之，构建大型应用时，使用蓝图将不同的功能模块化，可以优化项目结构、增强可读性，且易于扩展和维护。

2.5 Flask 拦截器

开发 Web 应用时，在客户端和服务器交互的过程中，需要做一些准备工作或扫尾工作。为了避免每个视图函数编写重复功能的代码，Flask 提供了统一的接口可以添加这些处理函数，即请求钩子。

Flask 常用请求钩子函数见表 2-5。

表 2-5 Flask 常用请求钩子函数

名称	说明
before_first_request	在处理第一次请求前执行
before_request	在每次请求前执行；如果在某修饰的函数中返回了一个响应，视图函数将不再被调用
after_request	如果没有抛出错误，在每次请求后执行；接受一个参数：视图函数作出的响应；在此函数中可以对响应值在返回之前做最后一步修改处理；需要将参数中的响应在此参数中进行返回
teardown_request	在每次请求后执行；接受一个参数：错误信息，如果有相关错误抛出

示例程序 flask-hook 代码如下：

```
1     from flask import Flask, request, url_for
2
3     app=Flask(_name_)
4
5     @app.route("/index")
6     def index():
7         return "index page"
8
9     @app.before_first_request
10    def before_first_request():
11       # 在第一次请求处理之前先被执行
12       print("before_first_request 被执行")
13
14    @app.before_request
15    def before_request():
16       # 在每次请求之前都被执行
17       print("before_request 被执行")
18
19    @app.after_request
20    def after_request(response):
```

笔记栏

```
21        # 在每次请求（视图函数处理）之后都被执行，前提是视图函数没有出现
          异常
22        print("after_request 被执行")
23        return response
24
25    @app.teardown_request
26    def handle_teardown_request(response):
27        # 在每次请求（视图函数处理）之后都被执行，无论视图函数是否出现异常
          都被执行，工作在非调试模式时 debug=False"""
28        path=request.path  # 获取请求路径
29        if path==url_for("index"):
30            print("在请求钩子中判断请求的视图逻辑：index")
31        print("teardown_request 被执行")
32        return response
```

程序第一次运行结果如图 2-26 所示。

```
 * Restarting with stat
 * Debugger is active!
 * Debugger PIN: 101-922-722
127.0.0.1 - - [18/Jan/2023 14:31:31] "GET /inde
before_first_request 被执行
before_request 被执行
after_request 被执行
在请求钩子中判断请求的视图逻辑：index
teardown_request 被执行
```

图 2-26　Flask 拦截器第一次运行结果

程序其后运行结果如图 2-27 所示。

```
127.0.0.1 - - [18/Jan/2023 14:32:47] "GE
before_request 被执行
after_request 被执行
在请求钩子中判断请求的视图逻辑：index
teardown_request 被执行
```

图 2-27　Flask 拦截器后运行结果

若只对某一个模块内的视图进行拦截，只需把钩子函数应用于 Blueprint 中即可，其他模块不受影响。

示例程序代码如下：

```
1    from flask import Flask,Blueprint
2    app=Flask(__name__)
3    bp=Blueprint('admin',__name__,url_prefix="/admin")
4
5    @app.route("/")
```

笔记栏

```
6    def test():
7        return "test"
8
9    @bp.route("/index")
10   def index():
11       return "admin index"
12   #蓝图中不能定义before_first_quest
13   @bp.before_request
14   def before():
15       print("蓝图中定义before_request")
16   @bp.after_request
17   def after_request(response):
18       """在每次请求（视图函数处理）之后都被执行，前提是视图函数没有出
         现异常"""
19       print("after_request 被执行")
20       return response
21
22   @bp.teardown_request
23   def handle_teardown_request(response):
24       print("蓝图中定义teardown_request")
25   app.register_blueprint(bp)
```

程序运行结果如图2-28所示。

```
蓝图中定义before_request
after_request 被执行
蓝图中定义teardown_request
```

图2-28　蓝图中定义钩子函数

2.6 Flask上下文

在计算机中，相对于进程而言，上下文就是进程执行时的环境。具体来说，就是各个变量和数据，包括所有的寄存器变量、进程打开的文件、内存信息等。因此，上下文可以理解为一个环境的一个快照，或是一个用来保存状态的对象。程序中编写的函数大都不是单独完整的，在使用一个函数完成自身功能的时候，很可能需要同其他部分进行交互，需要其他外部环境变量来支持，上下文就是给外部环境的变量的赋值，使函数能够正确运行。

Flask中的上下文相当于一个容器，保存了Flask程序运行过程中的一些相关信息。Flask中提供了请求上下文（request context）和应用上下文（application context）。

笔记栏

2.6.1 请求上下文

在 Flask 中，请求上下文保存了客户端和服务器交互的数据，用户可以直接在视图函数中使用request对象进行获取相关数据，而request就是请求上下文的对象，保存了当前本次请求的相关数据，请求上下文对象有 request 和 session。

（1）request。从客户端发来的请求报文信息，从 request 对象上可获取请求报文中的所有数据。

（2）session。用来记录请求会话中的信息，可以针对用户信息。例如，session['name']=user.id 可以记录用户信息。还可以通过 session.get('name') 获取用户信息。

示例代码如下：

```
# flask-context./request.py
from flask import Flask,request,session
app=Flask(_name_)
app.secret_key="abcd"
@app.route("/")
def index():
    '''请求上下文中的变量 / 方法 / 函数 / 类和对象，只能在视图或被视图调用的
       地方使用。'''
    print(request.args)
    session['host']=request.url
    print(session['host'])
    return "index"
if _name_=='_main_':
    app.run(debug=True)
```

2.6.2 应用上下文

应用上下文用于存储应用程序中的变量，它只是请求上下文中操作当前 Flask 应用对象 App 的代理，它的作用主要是帮助 request 获取当前 Flask 应用相关信息。它不是一直存在的，伴随 request 的存在而存在。

应用上下文有 current_app 和 g 两个变量。

1. current_app

应用程序上下文，用于存储应用程序中的变量，可以通过 current_app.name 获取当前 App 的名称，也可以在 current_app 中存储变量，经常会用 current_app.config。

示例代码如下：

```
#flask-context/current_app.py
from flask import Flask,current_app
```

笔记栏

```
app=Flask(_name_)
app.secret_key="abcd"
@app.route("/")
def index():
    #current_app 就是当前运行的 Flask app，在代码不方便直接操作 Flask
     的 App 对象时，操作 current_app 就等价于操作 Flask App 对象
    print(current_app.config['SECRET_KEY'])  #abcd
    print(app.config['SECRET_KEY'])          #abcd
    return "index"
if_name_=='_main_':
    app.run(debug=True)
```

2. g变量

g变量是Flask程序中的一个全局临时变量，这个对象一般是处理请求时用作临时存储的对象，每次请求都会重设这个变量。示例代码如下：

```
# flask-context/g.py
from flask import Flask,g
app=Flask(_name_)

@app.route("/")
def index():
     g.bookname="flask web 开发"
     g.bookprice=55
     bookcate="编程"
     getbook()
     return "index"

def getbook():
    #bookcate 访问出错
    print(g.bookname,g.bookprice,bookcate)
if _name_=='_main_':
    app.run(debug=True)
```

小　结

本章首先介绍了Web开发中必须掌握的HTTP请求与响应、Cookie与Session等基础知识；其次介绍了Flask中URL传递参数的方式、反向解析URL，重点介绍蓝图的使用方式；最后介绍请求钩子及上下文对象等相关内容。通过本章的学习，读者能够熟练使用Flask框架中的路由系统及蓝图。

笔记栏

思考与练习

一、选择题

1. 以下关于 Cookie 的说法正确的是（　　）。

A. Cookie 就像蠕虫病毒一样，可以清除用户计算机中的数据

B. Cookie 是保存在用户计算机中的一些数据

C. Cookie 是间谍软件，可以窃取用户的个人信息

D. Cookie 生成弹出窗口和垃圾邮件

2. 下列关于 Session 的说法错误的是（　　）。

A. 在访问网站时，服务器端自动分配一个 Session 对象给用户使用

B. 对于同一个用户，当网站的页面改变时，用户使用的 Session 也会改变

C. Session 负责保存同一个客户端一次会话中的一些信息

D. Session 能够跨页保持

3. 以下代码创建蓝图实例，访问该视图的正确路径为（　　）。

```
news_blue=Blueprint("news",_name_,url_prefix='/sdy') #创建一个蓝图
@news_blue.route("/news")
```

A. ip:5000　　　　B. ip:5000/news

C. ip:5000/sdy/news　　　　D. ip:/sdy/news

4. 使用 redirect() 函数时，默认的状态码为（　　）。

A. 201　　B. 302　　C. 403　　D. 500

5. 视图函数可以返回响应主体、状态码和首部字段。通常正确返回时状态码默认为（　　）。

A. 200　　B. 301　　C. 404　　D. 500

6. 可以获取 127.0.0.1:5000/index?bookname=flaskweb 中 bookname 参数值的选项是（　　）。

A. request.args['bookname']

B. requet.args.get['bookname']

C. request.getlist['bookname']

D. request.values['bookname']

7. HTTP 默认的响应格式是（　　）。

A. text　　B. html　　C. xml　　D. json

8. 下列能实现把字典、列表、元组转换为 JSON 字符串的方法有（　　）。

A. dumps()　　　　B. loads()

C. jsonify()　　　　D. detect_encoding()

笔记栏

9. 下列属于 Flask 请求上下文的是（　　）。

A. request　　B. current_app

C. g　　D. session

10. 常用的钩子函数有（　　）。

A. before_first_request　　B. before_request

C. after_request　　D. teardown_appcontext

二、实践题

1. 已知程序 app.py 的代码如图 2-29 所示，请查看程序的运行结果。

```
from flask import Flask
app=Flask(__name__)

def test():
    return "使用add_url_rule()来绑定视图函数"
app.add_url_rule("/",view_func=test)
if __name__ == '__main__':
    app.run(debug=True)
```

图 2-29　add_url_rule() 代码

2. 已知类视图程序 app.py 的代码如图 2-30 所示，请查看程序的运行结果。

```
from flask import Flask,views
app=Flask(__name__)
class Book(views.View):
    def __init__(self):
        super().__init__()
        self.context={"bookname":"flask web develop"}

class index(Book):
    def dispatch_request(self):
        return  self.context
app.add_url_rule(rule="/",view_func=index.as_view("index"))
if __name__ == '__main__':
    app.run(debug=True)
```

图 2-30　类视图代码

3. 使用蓝图实现应用程序中四个模块的应用，模块文件分别为 index.py、user.py、discuss.py、admin.py，模块中分别显示 index、user、discuss、admin 内容。

第3章 Jinja2 模板引擎

笔记栏

学习目标

- ✓ 了解模板引擎 Jinja2 与模板，能够理解它们之间的关系。
- ✓ 掌握选择、循环结构在模板中的使用，能够在模板中实现语句制作。
- ✓ 掌握过滤器的使用，能够使用内置过滤器和自定义过滤器进行数据过滤。
- ✓ 掌握宏的定义与使用，能够使用宏来降低编程难度和代码复用。
- ✓ 掌握静态文件的加载，能够使用 url_for() 来加载静态文件。
- ✓ 熟练使用模板的继承与引用，能够使用 extends 和 include 来解决代码冗余。

Web 项目开发过程中，为了实现表现逻辑与业务逻辑的分离，Flask 中引入了 Jinja2 模板引擎。本章主要介绍 Jinja2 模板中显示动态数据、进行数据过滤、进行语句控制、进行模板的继承和引用等相关内容。

模板引擎不仅可以让 Web 程序实现界面与数据分离、业务代码与逻辑代码分离，而且良好的设计使得代码重用变得更加容易，可以极大提升开发效率。

3.1 Jinja2 模板引擎概述

Jinja2 是一个现代的、设计友好的、由 Python 实现的、被广泛应用的模板引擎，内置于 Flask。

模板引擎的作用是负责用视图函数中的数据来替换模板文件中的变量，并输出最终的 HTML 页面。Flask 提供的 render_template 函数实现该模板引擎的渲染，该函数的第一个参数是模板文件名，后面的参数是键值对，表示模板中变量对应的真实值。

模板引擎中的模板通常由静态部分（HTML）和特定的动态部分组成，程序中的视图函数只负责业务逻辑和数据处理（业务逻辑方面），模板负责获取视图函数的数据结果并进行展示（视图展示方面）。默认情况下，模板文件存放于 Flask 项目根目录的 templates 子文件夹中，若要修改模板文件位置，可通过 app=FLask (_name_,template_folder=" 模板目录名 ") 来实现。

在模板文件中添加 Python 语句和表达式时，表达式由 {{…}}、语句由 {%…%}、

笔记栏

注释由 {#…#} 定界符实现。

示例 flask-jinja 代码如下：

app.py：

```
1      from flask import Flask,render_template
2      app=Flask(_name_)
3      @app.route('/')
4      def index():
5          college="大数据学院"         #字符串
6          student={                    #字典
7              "name":"小白",
8              "major":"软件技术"
9          }
10         scores=[120,136,138,260]    #列表
11         return
12         render_template("index.html",college=college,
           student=student,scores=scores)
13         #render_template("index.html",**locals())
14         if _name_=='_main_':
15         app.run()
```

index.html：

```
1      <!DOCTYPE html>
2      <html lang="en">
3      <head>
4          <meta charset="UTF-8">
5          <title>index</title>
6      </head>
7      <body>
8      {# 新同学相关信息 注释 #}
9      <h1>{{ college }}</h1>
10     <h2>欢迎{{ student.major }}新同学{{ student.name }}</h2>
11     <h3>专业成绩：
12        {% for score in scores %}
13            {{score}}
14        {% endfor %}
15     </h3>
16     </body>
17     </html>
```

程序运行结果如图 3-1 所示。

笔记栏

图 3-1　模板引擎的使用

3.2 模板中的控制语句

Jinja2 允许在模板中使用大部分 Python 对象，如各种数据类型及运算符。但 Jinja2 中仅提供 if 和 for 两种控制语句来控制模板的输出。

3.2.1 if 控制语句

if 语句用来控制模板渲染的方向，判断参数是否存在，存在的参数是否满足条件，其基本语法如下：

```
{% if 条件 %}
{% elif 条件 %}
{% else %}
{% endif %}
```

{%if 条件 %} 表示条件开始，{% endif %} 表示条件结束，不能省略。{% elif %}、{% else %} 根据实际需要选择。

示例 flask-if-for 代码如下：

app.py：

```
1    @app.route('/')
2    def index():
3        rand=random.randint(0,3)
4        return render_template("if.html",rand=rand)
```

if.html：

```
1    <body>
2    {% if rand==0 %}
3        <h1> 重在参与 </h1>
4    {% elif rand==1 %}
5        <h1> 恭喜，您抽得了一等奖 </h1>
6    {% elif rand==2 %}
7        <h1> 恭喜，抽得了二等奖！ </h1>
8    {% else %}
```

笔记栏

```
9           <h1>恭喜，抽得了三等奖！</h1>
10      {% endif %}
11      </body>
```

程序运行结果如图 3-2 所示。

http://127.0.0.1:5000/

收藏　手机收藏夹　网址大全　360搜索

恭喜，抽得了三等奖！

图 3-2　if 控制语句示例运行结果

3.2.2　for 控制语句

Jinja2 中的 for 控制语句可以遍历 Python 中的字符串、列表、元素等任何有序序列对象，其基本语法格式如下：

```
{% for 目标 in 对象 %}
...
{% endfor %}
```

为了方便 for 控制语句在模板中的使用，Jinja2 提供了多个特殊循环变量，见表 3-1。

表 3-1　Jinja2 特殊循环变量

变 量 名	说　明
loop.index/loop.index0	当前迭代的索引（从1开始）/（从0开始）
loop.revindex/loop.revindex0	当前反向迭代的索引（从1开始）/（从0开始）
loop.first	是否第一次迭代，返回True/False
loop.last	是否最后一次迭代，返回True/False
loop.previtem	上一个迭代的条目
loop.nextitem	下一个迭代的条目
loop.length	序列的长度
loop.cycle	循环某个序列

示例 flask-if-for 代码如下：

app.py：

```
1    @app.route("/for1")
2    def for1():
3        datetime="2011-2021"
4        message="参与出版的书籍"
```

笔记栏

```
5        books=[
6            {"bookname":"计算机基础","time":"2011-09-01","price":36},
7            {"bookname":"微信小程序开发与运营","time":""2019-07-01",
                         "price": 48},
8            {"bookname":"vue3.x开发实践","time":"2021-09-01","price":48}
9        ]
10       return render_template("for1.html",**locals())
         #**locals()传递全部的本地变量
11       @app.route("/for2")
12       def for2():
13           return render_template("for2.html")
```

模板文件 for1.html 代码如下：

```
1    <body>
2    <h2>{{ datetime }}年{{ message }}</h2>
3    <table border="1" style="border-collapse: collapse ">
4        <tr>
5            <td>序号</td>
6            <td>书名</td>
7            <td>出版时间</td>
8            <td>价格</td>
9        </tr>
10       {% for book in  books %}
11           <tr>
12               <td>{{ loop.index }}</td>
13               <td>{{ book.bookname }}</td>
14               <td>{{ book.time }}</td>
15               <td>{{ book.price }}</td>
16           </tr>
17       {% endfor %}
18   </table>
19   </body>
```

模板 for2.html 代码如下：

```
1    <body>
2    {% for  i  in range(1,10) %}
3        <p>
4            {% for j in range(1,i+1) %}
5                {{ j }}*{{ i }}={{ i*j }}
```

笔记栏

```
6            {% endfor %}
7         </p>
8     {% endfor %}
9     </body>
```

程序运行结果如图 3-3 和图 3-4 所示。

2011-2021年参与出版的书籍

序号	书名	出版时间	价格
1	计算机基础	2011-09-01	36
2	微信小程序开发与运营	2019-07-01	48
3	vue3.x开发实践	2021-09-01	48

图 3-3　for 控制语句示例运行结果 1

http://127.0.0.1:5000/for2

1*1=1
1*2=2 2*2=4
1*3=3 2*3=6 3*3=9
1*4=4 2*4=8 3*4=12 4*4=16
1*5=5 2*5=10 3*5=15 4*5=20 5*5=25
1*6=6 2*6=12 3*6=18 4*6=24 5*6=30 6*6=36
1*7=7 2*7=14 3*7=21 4*7=28 5*7=35 6*7=42 7*7=49
1*8=8 2*8=16 3*8=24 4*8=32 5*8=40 6*8=48 7*8=56 8*8=64
1*9=9 2*9=18 3*9=27 4*9=36 5*9=45 6*9=54 7*9=63 8*9=72 9*9=81

图 3-4　for 控制语句示例行结果 2

3.3 Jinja2 的过滤器

在 Flask 模板中，当需要对变量进行修改或过滤时，可以通过过滤器来实现。过滤器的功能本质是一个转换函数，首先把当前的变量传入到过滤器中，然后过滤器根据自己的功能，返回相应的值，最后再渲染到模板页面中。过滤器是通过管道符（|）进行使用的，例如 {{ name|length }}，将返回 name 的长度。

3.3.1　Jinja2 模板内置的过滤器

Jinja2 中提供了大量的内置过滤器。常见 Jinja2 内置过滤器见表 3-2。

表 3-2　常见 Jinja2 内置过滤器

过　滤　器	说　　明
abs(value)	返回一个数值的绝对值，如果参数类型不为数字，则报错
default(value,True)	若变量的值为空，则用value替换

笔记栏

续表

过 滤 器	说 明
escape(value)	转义HTML文本
first(value)	返回序列的第一个元素
join(value,d='')	将一个序列用d这个参数的值拼接成字符串
last(value)	返回序列的最后一个元素
int(value)	将值转换为int类型
round(value,n)	四舍五入，保留小数点后n位
sort(value)	将序列按升序进行排序
safe(value)	禁止HTML转义

示例 flask-filter 代码如下：

```
1    <body>
2    <p>{{'hello'|upper }} </p>        {# 变大写  HELLO #}
3    <p>{{'hello'|first }} </p>        {# 获取第一个元素 h #}
4    <p>{{'hello'|last }} </p>         {# 获取最后一个元素 o#}
5    <p>{{'hello'|count }}</p>         {# 统计个数 5 #}
6    <p>{{'hello'|random }}</p>        {# 随机取一个元素 #}
7    <p>{{3.1415926|round }}</p>       {# 四舍五入 3.0 #}
8    <p>{{3.1415926|round(2,'floor') }}</p>
     {# 四舍五入，保留两位小数 3.14 #}
9    <p>{{ [1,5,2,8,6]|sort }}</p>        {# 升序排列 1,2,5,6,8 #}
10   <p>{{[1,5,2,8,6]|join('-')  }}</p>
    {# 合并为字符串 1-5-2-8-6 #}
11   <p>{{"<script>alert('hello')</script>" }}</p>
     {# <script>alert('hello')</script> #}
12   <p>{{"<script>alert('hello')</script>"|escape }}</p>
     {# script>alert('hello')</script>  #}
13   <p>{{"<script>alert('hello')</script>"|safe }}</p>{
     #弹出对话框 #}
14   <p>{{"&lt;" }  }</p>{# &lt; #}
15   <p>{{"&lt;"|escape }}</p>  {# &lt; #}
16   <p>{{"&lt;"|safe }}</p>{# < #}
17   <p>{{"15339154816"|phone_format_1 }}</p> {#自定义过滤器一#}
18   <p>{{"15339154816"|pf }}</p>      {#自定义过滤器二#}
19   </body>
```

3.3.2 自定义过滤器

当内置过滤器不能满足需要时，可以自定义过滤器。可以使用@app.

笔记栏

template_filter() 装饰器或 app.add_template_filter() 注册自定义过滤器。

1. 使用 @app.template_filter() 装饰器自定义过滤器

```
@app.template_filter() # 默认过滤器名称和视图函数名相同
def phone_format_1(phone):  #phone_format_1 为过滤器名
    #18012345093->180****5093
    return phone[0:3]+"****"+phone[-4:]
```

模板中 <p>{{ "15339154816"|phone_format_1 }}</p> 使用 phone_format 过滤器处理后的结果为 153****4816。

2. 使用 app.add_template_filter(函数名 , 自定义过滤器名) 自定义过滤器

```
def phone_format_2(phone):
    #18012345093->180****5093
    return phone[0:3]+"****"+phone[-4:]
app.add_template_filter(phone_format_2,"pf")
```

模板中 <p>{{ "15339154816"|pf }}</p> 使用 phone_format 过滤器处理后的结果为 153****4816。

3.4 模板中的宏及使用

Python 中的函数是一段具有特定功能的、可重用的语句组，通过使用函数可以降低编程难度和代码复用。同样，在模板中宏类似于函数的功能，可以传递参数，但不能有返回值。

3.4.1 宏的定义

宏定义的过程中，将一些经常用到的代码段放到宏中，把一些需要变化的值取出作为参数。其基本格式如下：

```
{% macro  宏名 ( 参数 )%}
```

代码段

```
{% endmacro %}
```

例如，定义一个求几个数相加的宏 add，代码如下：

```
{% macro add(() %}
    <p>
            {% set sum=namespace(num=0) %}
            {% for i in range(0,varargs|length) %}
                {% set sum.num=sum.num+varargs[i] %}
```

笔记栏

```
                {% endfor %}
                {{ sum.num }}
        </p>
{% endmacro %}
```

3.4.2 宏的使用

通过宏名(实际参数)格式来调用宏，代码如下：

```
{{ add(10,20) }}
{{ add(30,50,90) }}
```

3.4.3 宏的导入

当宏的代码量较大或宏会被多个文件使用时，建议把宏的内容单独存放到一个文件中，需要时通过 import 语句导入即可。在 templates 目录下建立 macro.html 文件，并定义宏内容，代码如下：

```
{% macro input(name,type='text',value='') %}
    <input type="{{ type }}" name="{ name }}" value="{{ value }}">
{% endmacro %}
```

在需要引入宏内容的文件（templates/index2.html）中，通过“from '宏文件' import 宏名”导入并调用宏，代码如下：

```
{% from 'macro.html' import input %}   {# 导入宏 #}
<p>用户名：{{ input("username") }}</p>
<p>密码：{{ input("pwd",type="password") }}</p>
<p>{{ input("login",type="submit",value="登录") }}
{{ input("clear",type="reset",value="清空") }}</p>
```

程序运行结果如图 3-5 和图 3-6 所示。

图 3-5 宏的定义及使用

图 3-6 宏文件的定义及使用

3.5 静态文件的加载

一个 Web 应用程序中不仅有模板文件，还有大量的静态文件，如 CSS、JavaScript、图片、音频或视频文件等。在 Flask 程序中，这些静态文件默认存储在与主文件同级目录的 static 文件目录中。

Flask 中不仅可以通过“硬编码”方式获取静态文件 URL，而且可以通过 url_for('static',filename= 相应文件名) 函数来获取静态文件的 URL。

1. 加载外部 CSS 文件

```
<link rel="stylesheet" href="{{ url_for('static',filename='
                         css/base.css')}}"> {# url_for() #}
<link  rel="stylesheet" href="static/css/base.css"> {# 硬编码 #}
```

2. 加载图片及 favicon.icon 图标

```
<img src="{{ url_for('static',filename='images/flask.jpg') }}">
<link rel="icon" href="{{ url_for('static',filename='favicon.
             ico') }}">
```

favicon.ico 一般作为缩略的网站标志，它显示在浏览器的地址栏、浏览器标签上或者在收藏夹上，是展示网站个性的缩略 logo 标志，大小通常为 16×16、32×32、64×64 的 png、jpg 或 gif 格式文件生成，存放在 static 目录下。

3. 加载 JavaScript 文件

```
<script src="{{ url_for('static',filename='javascript/alert.
              js')}}"></script>
```

3.6 模板的继承与包含

一个 Web 应用程序中多个模板文件往往具有相同的内容及结构，如模板的头部、尾部。在 Flask 中可以采用模板的继承轻松解决，实现代码的复用，使模板文件的结构简洁、高效。

3.6.1　模板的继承

模板的继承和面向对象的继承类似。模板的继承将经常重复的代码抽离出来，放进父模板中，父模板中通过 {% block block 名称 %}{% endblock %} 来定义一个接口（预留位置），子模板通过 {% extends " 父模板名称 " %} 继承父模板，使

笔记栏

用 {% block　block 名称 %}...{% endblock %} 来填充内容。

示例 flask-extends，代码中，在 templates 目录中创建 base.html、index.html、news.html、about.html、side.html 静态模板文件。其中 base.html 文件作为父模板，index.html、news.html 和 about.html 作为子模板，子模板继承父模板中的内容。

base.html 文件内容如下：

```
1   <head>
2   <title>{% block title %}flask- {% endblock %}</title>
3   </head>
4   <header>
5       <ul>
6           <li><a href="{{ url_for('index') }}">首页</a></li>
7           <li><a href="{{ url_for('news') }}">新闻</a></li>
8           <li><a href="{{ url_for('about') }}">关于</a></li>
9       </ul>
10  </header>
11  <div>
12      {% block  body %}{% endblock %}
13  </div>
14  <footer>父模板尾部内容</footer>
15  </body>
```

index.html 文件内容如下：

```
1   {% extends "base.html" %}  {#继承父模板#}
2   {% block title %}{{ super()}}-首页{%  endblock %}
3   {% block body %} 首页部分内容{% endblock %}
```

news.html 文件内容如下：

```
1   {% extends "base.html" %}
2   {% block title %}{{ super() }}-新闻{% endblock %}
3   {% block body %}
4       news 部分内容
5       {% include "side.html" %}
6   {% endblock %}
```

about.html 文件内容如如下：

```
1   {% extends "base.html" %}
2   {% block title %}{{ super() }}-关于{% endblock %}
```

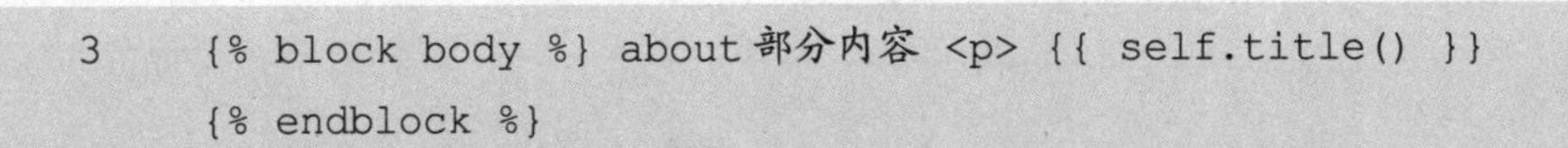

```
3    {% block body %} about 部分内容 <p> {{ self.title() }}
     {% endblock %}
```

base.html 模板中定义两个 block，分别是 title 和 body，在子模板中分别重新修改两个 block 中的内容。子模板中的 {{super()}} 表示保持父模板中的内容，{{self.block()}} 表示获取其他 block 中的内容。

运行结果如图 3-7~ 图 3-9 所示。

图 3-7　首页模板文件

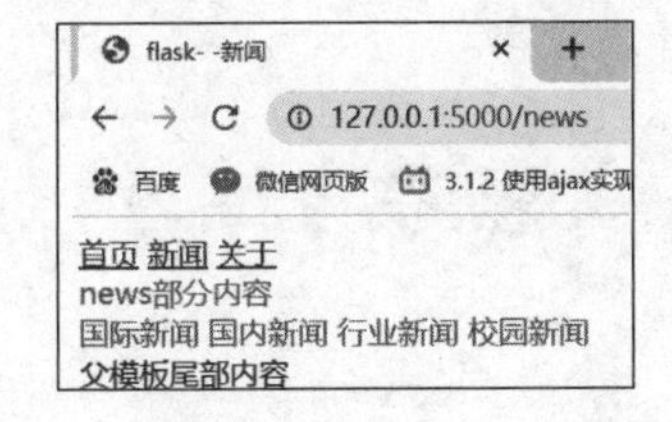

图 3-8　新闻模板文件

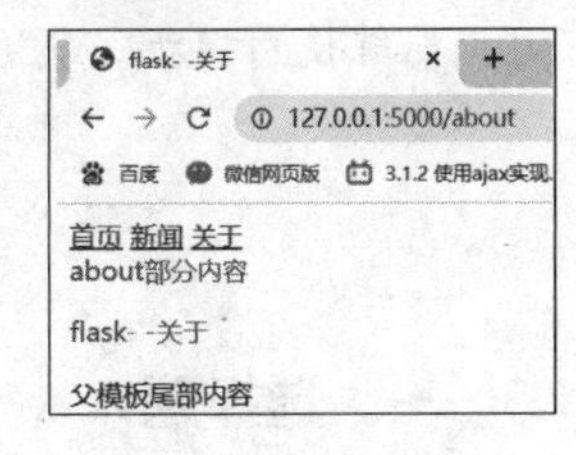

图 3-9　关于模板文件

3.6.2　模板的包含

模板文件中可以把一个模板引入到另一个模板中，类似于把一个模板的代码复制到另一个模板的指定位置，可以通过 {% include " 模板文件 " %} 实现。在 news.html 中通过 {%include "side.html" %} 实现把 side.html 模板内容引入到 body block 中。

side.html 文件内容如下：

```
<ul>
    <li> 国际新闻 </li>
    <li> 国内新闻 </li>
    <li> 行业新闻 </li>
    <li> 校园新闻 </li>
</ul>
```

运行结果如图 3-10 所示。

图 3-10　包含 side 模板的 news 页面

笔记栏

小　结

本章介绍了Jinja2模板相关知识，包括模板引擎与模板的关系、模板中变量的渲染、过滤器的定义与使用、if与for控制语句、宏的定义与使用、模板的继承与引用等知识。通过本章的学习，读者能够熟悉Jinja2模板语法，掌握模板继承与引用，熟练使用模板，提升开发效率。

思考与练习

一、选择题

1. Jinja2 模板引擎中，提供特殊循环变量 loop.index, 其起始值为（　　）。
   A. 0　　B. 1　　C. None　　D. 不确定
2. 在 Flask 模板中，当模板继承父模板时，应使用（　　）。
   A. {% extends %}　　B. {% block %}
   C. base　　D. {% endblock %}
3. 以下关于模板说法错误的是（　　）。
   A. 模板查找路径，默认是在项目根目录下的 templates 文件夹下
   B. Flask 模板默认用的是 Jinja2 引擎
   C. 模板渲染是通过 render_template 来实现的
   D. 模板路径必须为根目录下的 templates 文件夹，不能修改路径
4. 以下关于静态文件加载的说法中错误的是（　　）。
   A. Flask 默认会在 templates 下寻找静态文件
   B. CSS 文件是静态文件
   C. JS 文件是静态文件
   D. 图片文件是静态文件
5. 关于 Jinja2 模板中循环语句错误的是（　　）。
   A. 可以使用 while 语句对数据进行遍历
   B. 可以使用 for...in... 语句对数据进行遍历
   C. 循环语句外面需要套一层 {% %}
   D. 循环语法中不能使用 break 或 continue 来跳过循环。
6. 关于模板继承，以下说法错误的是（　　）。
   A. 子模板可以使用 {% extends %} 来继承父模板
   B. 父模板可以通过定义 block 来让子模板实现
   C. 子模板在实现某个 block 的时候，可以通过 {{super()}} 来继承父模板对应 block 的代码

笔记栏

D．父模板只能被一个子模板继承

7．关于模板的过滤器，以下说法错误的是（　　）。

A．过滤器实际上就是一些函数，只不过在模板中需要使用特殊语法使用

B．想要统计字符串的长度，可以使用 length 过滤器

C．过滤器会使用变量作为第一个参数外，不能传递其他参数

D．除了 Jinja2 内置的过滤器外，还可以自定义过滤器

8．若有代码 {% for i in range(1,5) %}，则 {{loop.length}} 的值为（　　）。

A．0　　B．1

C．4　　D．5

9．以下代码的输出结果为（　　）。

```
{% set price=2 %}
{% set num=5 %}
  {% with price=5,num=10 %}
    {{price*num}}
  {% endwith %}
{{price*num}}
```

A．0　0　　B．10　50

C．50　10　　D．出错

10．以下代码的输出结果为（　　）。

```
{% set price=2 %}
{% set num=5 %}
{% set discount=0.8 %}
  {% with price=5 ,num=10 %}
    {{price*num*discount}}
  {% endwith %}
{{price*num*discount }}
```

A．8　50　　B．50　8

C．40.0　8.0　　D．出错

二、编写程序

1．定义一个过滤器，功能如下：

（1）传入一个具体的时间。

（2）如果该时间间隔现在小于 1 min，就显示“刚刚”。

（3）如果大于 1 min，小于 1 h，就显示“×× 分钟以前”。

（4）如果大于 1 h 且小于 24 h，就显示“×× 小时以前”。

（5）如果大于 24 h 且小于 30 天，就显示“×× 天以前”。

笔记栏

（6）否则显示具体时间。

2. 利用 for 控制语句实现图 3-11 所示的页面。

序号	书名	出版日期	出版社
1	计算机基础	中国铁道出版社	2008-12
2	单片机与传感器	北京交通大学出版社	2015-9
3	响应式网页设计	北京理工大学出版社	2017-9
4	微信小程序开发与运营	北京理工大学出版社	2019-3
5	Vue3.x前端开发实战	北京理工大学出版社	2021-9

图 3-11　for 控制语句实现的页面

3. 利用模板继承或引用实现图 3-12 所示的网站首页样式。

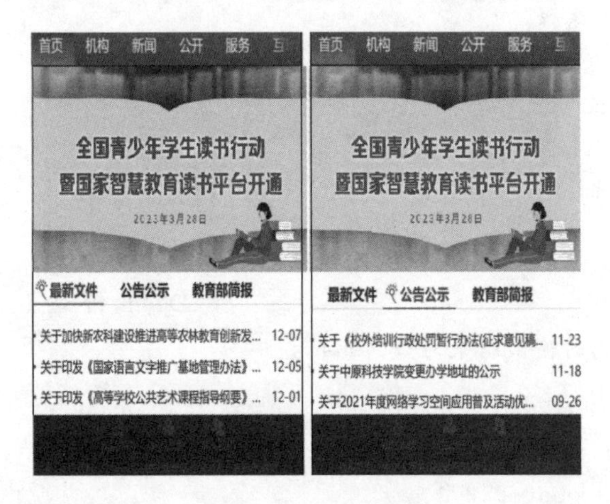

图 3-12　网站样例

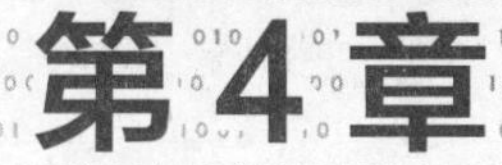

第4章 Flask表单

学习目标

笔记栏

✓ 熟悉 Flask 处理表单的方式，能够表述在 Flask 中如何处理表单。

✓ 掌握 Flask-WTF 的安装及创建表单，能够使用 Flask-WTF 类创建具有验证功能的表单。

✓ 掌握在模板中如何渲染 Flask-WTF 表单，能够在模板中渲染 Flask-WTF 表单。

✓ 掌握表单中实现文件的上传，能够在表单中上传不同类型的文件。

✓ 掌握 CKEditor 富文本编辑器的使用，能够利用 CKEditor 编写多功能页面。

对一个功能完备的 Web 网站而言，与用户交互是必不可少的功能。表单是用来实现与用户交互的常用手段。本章主要介绍 Flask 中处理表单的通用方式及 Flask-WTF 第三方扩展的使用、表单中文件的上传及 CKEditor 富文本编辑器的使用。

网页中表单接收用户输入的信息，然后将其发送到后端应用程序，如 PHP、Java、Python 等编写的后端程序，后端应用程序将根据定义好的业务逻辑对表单传递来的数据进行处理。

4.1 使用 Flask 处理通用表单

Form 表单是一个包含表单元素的区域，允许用户在表单中输入各种信息元素，是前后端交互的重要标签。Form 标签常用属性见表 4-1。

表 4-1　Form 标签常用属性

属性名	可 选 值	说　明
name	text	表单的名称
action	URL	将表单提交到何处（默认为当前页面）
method	get、post	提交表单数据的方式（默认为get）

笔记栏

续表

属性名	可选值	说明
enctype	application/x-www-form-urlencoded、multipart/form-data、text/plain	提交表单之前对数据进行编码（适用于method="post"的情况，默认为application/x-www-form-urlencoded）
target	_blank、_self、_parent、_top	action属性设定的链接（默认为_self）

表单收集数据是通过各种控件（标签）实现，各种控件会呈现不同的外观，并具有一定的交互功能。常用表单控件见表 4-2。

表 4-2　常用表单控件

控件/标签	常用属性	说明
input	type、value、size、readonly	定义输入框
textarea	rows、cols、value	定义文本域
label	for	为控件定义标题
fieldset	disabled	定义一组相关的表单元素
legend	align	定义<fieldset>标签的标题
select	size、multiple、disabled	定义下拉列表
optgroup	label	定义选项组
option	value	定义下拉列表中的选项
button	type、value、disable	定义一个可以单击的按钮

定义一个常用的表单，代码如下：

```
1   <form action="/" method="post">
2       <!--text  input 标签的属性  类型是文本类型 -->
3       <p>
4           <label for="user">用户名 :</label><input type="text"
            name="user"
5       id="user" placeholder=" 请输入用户名 ">
6       </p>
7       <!--password  类型用加密的方式 -->
8       <p><label for="pwd"> 密   码 :</label><input type=
                "password" name="pwd"
9               id="pwd" placeholder=" 请输入密码 "></p>
10      <p>
11          <!-- 单选框按钮  单选按钮一定要保证这几个选项的 name 要相同 -->
12          性   别 :
13          <label><input type="radio" name="gender" value=
            "male"> 男 </label>
14          <label><input type="radio" name="gender" value=
```

笔记栏

```
            "female">女</label>
15      </p>
16      <p>
17          <!--多选框-->
18          爱 好:
19          <input type="checkbox" name="hobby" value=
             "program">编程
20          <input type="checkbox" name="hobby" value="music">
             听音乐
21          <input type="checkbox" name="hobby" value="photo">
             摄影
22      </p>
23      <p>
24          <!--上传文件表单 一定要在form标签中加上这个属性enctype=
25           "multipart/form-data"-->
26          上传文件:<input type="file">
27      </p>
28      <p>
29          <!--下拉框-->
30          地 址:
31          <select name="addr" >
32              <!--select是有级别之分的,比如某某省某某市-->
33              <optgroup label="陕西省">
34                  <option value="xa">西安</option>
35                  <!--selected 用来设置默认的城市-->
36                  <option value="ya" selected="selected">
                                延安</option>
37              </optgroup>
38              <optgroup label="甘肃省">
39                  <option value="lz">兰州</option>
40                  <option value="by">白银</option>
41              </optgroup>
42          </select>
43      </p>
44      <p>
45          <!--fieldest是用来在个人简介中加入一个框的-->
46      <fieldset>
47          <legend>个人简介:</legend>
48          <textarea name="profile" rows="5" cols="50"></textarea>
```

笔记栏

```
49        </fieldset>
50        </p>
51        <p>
52            <!-- 提交按钮 -->
53            <input type="submit" value="提交">
54            <!-- 重置标签 -->
55            <input type="reset" value="重置">
56        </p>
57    </form>
```

app.py 中代码如下：

```
1    @app.route('/',methods=["get","post"])
2    def index():
3         if request.method=="POST":
4             user=request.form.get('user')  #获取表单数据
5             pwd=request.form.get('pwd')
6             return "用户名:{},密码:{}....".format(user,pwd)
7         if request.method=="GET":
8              return render_template("form1.html")
```

程序运行结果如图 4-1 所示。

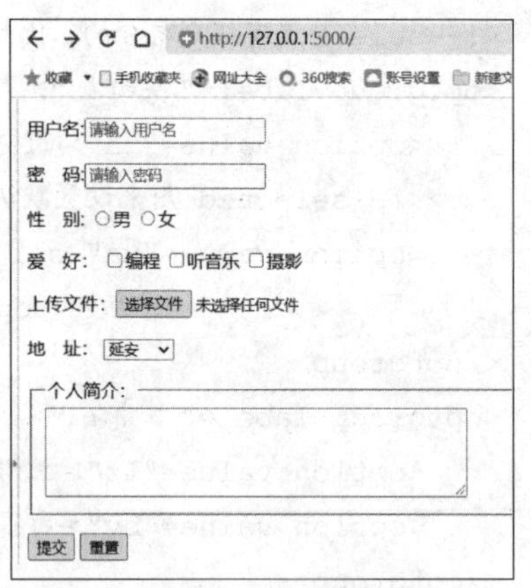

图 4-1 表单界面

输入相关信息，单击“提交”按钮，显示效果如图 4-2 所示。

图 4-2 表单提交后显示界面

笔记栏

4.2 使用 Flask-WTF 处理表单

Web 开发中，表单的定义、验证和处理单相对比较烦琐。Flask 扩展提供的第三方库 Flask-WTF 可以很好地实现表单中数据解析、数据验证、文件上传及 CSRF 保护功能。

4.2.1 Flask-WTF 的安装

首先，采用 pip 或 pipenv 安装 Flask-WTF 及其依赖：

```
pipenv install flask-wtf
```

其次，Flask-WTF 默认提供对每个表单免受跨站请求伪造（cross-site request forgery，CSRF）的保护，因此在程序中需要设置密钥：

```
app.secret_key="secret string"
```

4.2.2 定义表单类

Flask-WTF 允许以类的形式定义表单，这个类继承自从 flask_wtf 导入的 FlaskForm 基类，表单中的字段通过类的属性来表示。

```
from flask_wtf  import  FlaskForm
from  wtforms  import  StringField, PasswordField, SubmitField
class LoginForm(FlaskForm):
    """ 登录表单的实现 """
    username=StringField(label=' 用户名 ', default='admin')
    password=PasswordField(label=' 密码 ')
    submit=SubmitField(' 登录 ')
```

常用 WTForms 字段见表 4-3。

表 4-3　常用 WTForm 字段

字　段　类	对应的HTML标签	说　　明
StringField	<input type=text>	文本字段
PasswordField	<input type=password>	密码字段
DateField	<input type=Date>	日期字段
DateTimeField	<input type=DateTime>	日期时间字段
InterField	<input type=text>	整数字段
FloatField	<input type=text>	浮点数字段
RadioField	<input type=radio>	一组单选按钮
BooleanField	<input type=checkbox>	复选框

笔记栏

续表

字 段 类	对应的HTML标签	说 明
FileField	<input type=file>	文件上传字段
HiddenField	<input type=hidden>	隐藏字段
SubmitField	<input type=submit>	提交按钮
SelectField	<select> <option> </option> </select>	下拉列表
TextAreaField	<textarea> </textarea>	多行文本字段

每一个字段类接收的常用参数见表 4-4。

表 4-4　字段常用参数

参 数	说 明
default	表单字段的默认值，字符串或调用对象
label	字段标签<label>的值
validators	验证器，在表单提交后验证表单数据，列表类型
render_kw	用来设置标签的属性，字典类型

```
class LoginForm(FlaskForm):
    username=StringField(label='用户名',validators=[DataRequired
(message='用户名不能为空')],render_kw={'placeholder':'输入用户名'})
    password=PasswordField(label='密码',validators=[DataRequired(),
Length(6,20,message='长度介于 6~20 之间')])
```

在 Flask_WTF 中，验证器（validators）是在表单提交后验证字段数据的类，验证器需要从 wtforms.validators 模块中导入。常用验证器见表 4-5。

表 4-5　常用的验证器

验 证 器	说 明
DataRequired(message=None)	验证数据是否有效
Email(message=None)	验证E-mail地址
EqualTo(fieldname,message=None)	验证两个字段值是否相同
InputRequired(message=None)	验证是否有数据
Length(min=-1,max=-1,message=None)	验证输入值长度是否在给定范围内
NumberRange(min=None,max=None,message=None)	验证输入数字是否在给定范围内
Regexp(regex,flags=0,message=None)	使用正则表达式验证输入值
URL(require_tld=True,message=None)	验证URL
AnyOf(value,message=None,values_formatter=None)	验证输入值是否在可选值列表中
FileRequired(message=None)	验证是否文件上传
FileAllowed(upload_set,message=None)	验证文件类型

笔记栏

```
class RegisterForm(FlaskForm):
    """ 用户注册表单 """
    username=StringField(label=' 手机号 ',default='')
    email=StringField(label=" 邮箱 ",validators=[DataRequired
                    (' 请输入密码 '),Length(6,20),Email()])
    password=PasswordField(label=' 密码 ', validators=[DataRequired
  (' 请输入密码 '),EqualTo('conpwd',message=" 两次密码不一致 ")])
    conpwd=PasswordField(label=' 确认密码 ', validators=[DataRequired
  (' 请再次输入密码 ')])
    age=IntegerField(label=' 年龄 ',validators=[NumberRange
                        (min=18,max=50)])
    submit=SubmitField(' 注册 ')
    # 自定义验证方法
    def validate_username(self, field):
        """ 验证用户名 """
        # 强制验证用户名为手机号
        username=field.data
        pattern=r'^1[0-9]{10}$'   # 正则表达式
        if not re.search(pattern,username):
            raise ValidationError(' 请输入手机号码 ')
        return field
```

其中，方法 validate_username 为自定义验证器。自定义验证器必须以 validate_ 开头，后跟字段名。

4.2.3　表单类在模板中的渲染

为了在模板中渲染表单，首先在视图函数中实例化表单类 RegisterForm，然后在 render_template() 函数中使用关键字参数 form 将表单实例传入模板。

代码如下：

```
@app.route("/register",methods=["get", "post"])
def register():
    form=RegisterForm()
     if form.validate_on_submit():
        # 获取表单数据
        username=form.username.data
        email=form.email.data
        password=form.password.data
        conpwd=form.conpwd.data
        age=form.age.data
```

笔记栏

```
            print("用户名：{},Email:{},密码：{},确认密码：{},年龄：{}".
                  format(username,email,password,conpwd,age))
        else:
            #打印错误信息
            print(form.errors)
    return render_template('register.html', form=form)
```

在 register.html 模板中，只需调用表单类的属性即可获取相应的 HTML 代码，同时需要通过 {{form.csrf_token}} 或 <input type=hidden name=csrf_token value={{csrf_token}}> 添加 CSRF 令牌隐藏字段，确保表单通过验证。

代码如下：

```
<form   action="{{ url_for('register') }}"    method="post">
    {{ form.csrf_token }}
    <p>
        {{ form.username.label }}
        {{ form.username }}
        {% if form.username.errors %}
            {% for err in form.username.errors %}
                <span>{{ err }}</span>
            {% endfor %}
        {% endif %}
    </p>
    <p>
        {{ form.email.label }}
        {{ form.email }}
        {% if form.email.errors %}
            {% for err in form.email.errors %}
                <span>{{ err }}</span>
            {% endfor %}
        {% endif %}
    </p>
    …
</form>
```

如果表单中验证未通过，则 form.validate_on_submit() 为 False，可以通过 form. 字段名 .errors 在模板中显示错误消息列表。

程序运行结果如图 4-3 所示。

笔记栏

图 4-3　模板文件渲染结果

4.3 文件上传

在 Web 开发时，文件上传是一个普通的需求。Flask 中提供两种文件上传方式，分别是不使用 FLask-WTF 方式及使用 FLask-WTF 扩展方式。

4.3.1　不使用 Flask-WTF 方式上传文件

不使用 Flask-WTF 方式上传文件相对比较简单，通过以下方式实现：

（1）<form> 标签中设定 method=post，默认为 get；enctype=multipart/form-data，默认为 application/x-www-form-urlencoded。表单中包含一个 <input type=file> 标签。

```
<form method=post enctype=multipart/form-data>
...
<input type=file name=upload>
</form>
```

（2）在视图函数中通过 request.files 访问文件：

```
    if request.method=="POST":
        files=request.files
        fname=files.get('upload',None)
```

（3）保存文件，通过 fname.save(filepath) 保存文件到指定目录。

app.py 文件中 fileupload 视图函数代码如下：

```
1    # 不使用 FLask-WTF 方式上传文件
2    @app.route("/fileupload",methods=["get","post"])
3    def fileupload():
4        filepath=os.path.join(os.path.dirname(_file_),
                                     'upload') # 获取路径
```

笔记栏

```
5        if request.method=="POST":
6            files=request.files
7            fname=files.get('upload',None)
8            if fname:
9                filename=os.path.join(filepath,fname.filename)
10               fname.save(filename)
11               print(" 保存成功 ")
12               flash(" 文件保存成功 ")   # 闪现的消息
13           return redirect(url_for("fileupload"))
14       return render_template("fileupload.html")
```

fileupload.html 模板文件代码如下：

```
1    <body>
2    {% for message in get_flashed_messages() %}  # 获取错误消息
3        <div >{{ message }}</div>
4     {% endfor %}
5    <form method="post" enctype="multipart/form-data" action=
                 "{{url_for("fileupload") }}">
6        <p> 通用方式上传：<input type="file" name="upload"></p>
7        <input type="submit" value=" 上传文件 ">
8    </form>
9    </body>
```

程序运行结果如图 4-4 和图 4-5 所示。

图 4-4　上传文件前

图 4-5　上传文件后

4.3.2　使用 Flask-WTF 方式上传文件

相对于不使用 Flask-WTF 方式上传方式，使用 Flask-WTF 方式上传文件可以

笔记栏

实现对文件进行验证（验证文件的类型和文件的大小），保证系统的安全。

（1）通过 app.config['MAX_CONTENT_LENGTH']=1*1024*1024 限定文件大小为 1 MB，如果上传文件大小超过限定，则提示如图 4-6 所示。

http://127.0.0.1:5000/fileupload

收藏 手机收藏夹 网址大全 360搜索 账号设置 新

Request Entity Too Large

The data value transmitted exceeds the capacity limit.

图 4-6　超过限定文件大小

（2）通在 UploadForm 表单类中，设定必须上传文件并限定文件类型。

```
class UploadForm(FlaskForm):
        imgUpload=FileField(" 图像上传 ",validators=[FileRequired
(" 请选择图像文件 "),FileAllowed(["zip","png"]," 仅支持 .jpg,.png
图像 ")])
```

（3）在视图函数 imgupload 中获取上传文件，并保存到 upload 目录。

```
1    #flask-wtf 上传文件
2    @app.route("/imgupload",methods=["get","post"])
3    def imgupload():
4        form=UploadForm()
5        if form.validate_on_submit():
6            img=form.imgUpload.data
7            filepath=os.path.join(os.path.dirname(_file_), 'upload')
8            filename=os.path.join(filepath, img.filename)
9            img.save(filename)
10           print(" 保存成功 "|)
11           flash(" 图像文件保存成功 ")
12           return redirect(url_for("fileupload"))
13       else:
14           print(form.errors)
15       return render_template("imgupload.html",form=form)
```

（4）在模板文件 imgupload.html 中，设置表单字段及错误消息。

```
1    <body>
2    {% for message in get_flashed_messages() %}
3        <div >{{ message }}</div>
4     {% endfor %}
```

笔记栏

```
5     <form action="{{ url_for('imgupload') }}" enctype=
                "multipart/form-data" method="post">
6         {{ form.csrf_token }}
7         <p>{{form.imgUpload.label }}:{{ form.imgUpload }}</p>
8         <input type="submit" value=" 上传文件 ">
9     </form>
10    </body>
```

程序运行结果如图 4-7 和图 4-8 所示。

图 4-7　不符合文件类型效果

图 4-8　符合文件类型效果

4.4 富文本编辑器

富文本编辑器即所见即所得编辑器，类似于文本编辑软件。它提供一系列按钮和下拉列表来为文本设置格式，编辑状态的文本样式即最终呈现的样式。

CKEditor 是一款易用、功能强大且开源的富文本编辑器，它包含丰富的配置选项，而且有大量第三方插件。扩展 Flask-CKEditor 简化了在 Flask 程序中使用 CKEditor 的过程，同类程序有 UEditor、Kindeditor、Simditor、CKEditor、wangEditor 等。

4.4.1　安装及配置

首先，使用 pip 或 pipenv 等工具安装或更新。

```
pipenv install flask-ckeditor
```

其次，实例化 flask-ckeditor 提供的 ckeditor 类，传入程序实例：

```
From flask_ckeditor import CKEditor
ckeditor=CKEditor(app)
```

然后，根据项目需要进行以下配置：

```
app.config['CKEDITOR_SERVE_LOCAL']=True   #使用内置的本地资源
app.config['CKEDITOR_WIDTH']=800     #设置编辑器的宽度 800 像素单位
app.config['CKEDITOR_HEIGHT']=400    #设置编辑器的高度 400 像素单位
app.config['CKEDITOR_FILE_UPLOADER']='upload'
                                     #设置为视图函数的 URL 或端点值
```

```
app.config['UPLOADED_PATH']=os.path.join(basedir, 'uploads')
                                                  #设置图像的保存位置
```

最后，创建表单类、视图函数及模板文件。

4.4.2　创建表单类

Flask-CKEditor 提供了一个 CKEditorField 字段类，用法类似于从 WTForms 导入的 StringField、SubmitField。事实上，它就是对 WTForms 提供的 TextAreaField 进行了包装。

作为示例，下面创建一个写文章的表单类。这个表单类包含一个标题字段（StringField）、一个正文字段（CKEditorField）和一个提交字段（SubmitField）。

```
from flask_wtf import FlaskForm
from wtforms import StringField, SubmitField
from wtforms.validators import DataRequired, Length
from flask_ckeditor import CKEditorField #从flask_ckeditor包导入

class RichTextForm(FlaskForm):
    title=StringField(label='标题', validators=[DataRequired(),
Length(1,50)])
    body=CKEditorField(label='主体', validators=[DataRequired()])
    submit=SubmitField('提交')
```

4.4.3　创建模板文件

在模板文件中展示表单类字段，同时需要使用 cdeditor.load() 方法加载 CKEditor 相关资源，使用 ckeditor.config() 方法加载配置项目，并传入对应表单字段的 name 属性值。

```
<body>
    <div class="warpper" style="width: 600px; margin: auto">
        <h1>Flask-CKEditor 案例：图片上传</h1>
        <form method="post">
            {{ form.csrf_token }}
            {{ form.title.label }}<br>
            {{ form.title }}<br><br>
            {{ form.body.label }}<br>
            {{ form.body }}
            <br>
            {{ form.submit }}
        </form>
```

笔记栏

```
    </div>
    {{ ckeditor.load() }}
    {{ ckeditor.config(name='body') }}
</body>
```

模板 post.html 文件用来显示提交的标题及主题内容。

```
<body>
    <div class="warpper" style="width: 700px; margin: auto">
        <h1>{{ title }}</h1>
        <hr>
        <p>{{ body|safe }}</p>
        <hr>
        <a href="{{ url_for('index') }}">Back Home</a>
    </div>
</body>
```

4.4.4 创建视图函数

视图函数分别用来实例化表单类及展示表单提交的内容。

```
1    @app.route('/', methods=['GET', 'POST'])
2    def index():
3        form=RichTextForm()
4        if form.validate_on_submit():
5            title=form.title.data
6            body=form.body.data
7            return rende r_template('post.html',title=title,
                                         body=body)
8        return render_template('index.html',form=form)
9
10   @app.route('/files/<filename>')
11   def uploaded_files(filename):
12       path=app.config['UPLOADED_PATH']
13       return send_from_directory(path, filename)
14
15   #保存图片文件
16   @app.route('/upload', methods=['POST'])
17   def upload():
18       f=request.files.get('upload')
19       extension=f.filename.split('.')[-1].lower()
20       if extension not in ['jpg','gif','png','jpeg']:
```

笔记栏

```
21              return upload_fail(message='Image only!')
22          f.save(os.path.join(app.config['UPLOADED_PATH'],
                                f.filename))
23          url=url_for('uploaded_files',filename=f.filename)
24          return upload_success(url,filename=f.filename)
```

程序运行结果如图 4-9 和图 4-10 所示。

图 4-9　编辑内容

图 4-10　上传后显示内容

笔记栏

小　结

本章首先介绍了通过了Flask处理通用表单；然后介绍了Flask-WTF安装、使用Flask-WTF创建表单并验证表单、在模板中渲染表单；最后介绍了表单中文件的上传及富文本编辑器的利用。通过本章的学习，读者能够了解如何通过代码定义表单类、在视图函数中实例化表单表、在模板中渲染表单实例，如何上传各类文件，为后续学习打下良好的基础。

思考与练习

一、选择题

1. HTML 中表单的作用是（　　）。

A. 设置超链接　　B. 显示图像

C. 显示网页信息　　D. 收集用户反馈信息

2. 表单标记中（　　）属性用来定义表单处理程序的位置。

A. action　　B. method

C. name　　D. link

3. 以下关于表单说法错误的是（　　）。

A. 填写完毕的表单通常要发送到服务器端待特定的程序处理

B. 在 form 标记中使用 action 属性指定表单处理程序的位置

C. 在 form 标记中使用 method 属性指定提交表单的方法

D. 表单中的“重置”按钮是必不可少的。

4. 下列关于表单字段的常用核心参数描述错误的是（　　）。

A. validators：表单的验证规则

B. widget：定制界面的显示方式

C. label：标签

D. description：默认文字

5. 在 Flask 中，获取上传文件的方法为（　　）。

A. request.args　　B. request.form

C. request.files　　D. request.put

6. 对于在 Flask-WTF 扩展中定义 password 属性的代码，以下说法错误的是（　　）。

```
password=PasswordField(label='密码',validators=[DataRequired(),
        Length(6,20,message='长度位于 6~20 之间')])
```

笔记栏

A．password 的类型为 PasswordField

B．validators 表示必须输入，且密码长度介于 6~20 个字符之间

C．Label 的获取方式为 form.password.label

D．获取 password 的方式为 form.password

7．在 FLask-WTF 扩展中，定义复选框的字段类为（　　）。

A．FloatField　　　　B．RadioField

C．BooleanField　　　　D．FileField

8．在 FLask-WTF 扩展中，限定上传文件类型的字段类为（　　）。

A．FileRequired　　　　B．FileAllowed

C．DataRequired　　　　D．InputRequired

9．在 FLask-WTF 扩展中，{{ form.csrf_token }} 是对（　　）方法跨域限制。

A．get　　　　B．post

C．put　　　　D．delete

10．Flask 配置加载方式主要有（　　）。

A．app.config[]　　　　B．app.config.from_object()

C．app.config.from_envar()　　　　D．app.config.from_pyfile()

二、实践题

1．使用 Flask-WTF 实现如图 4-11 所示，表单并进行检验。

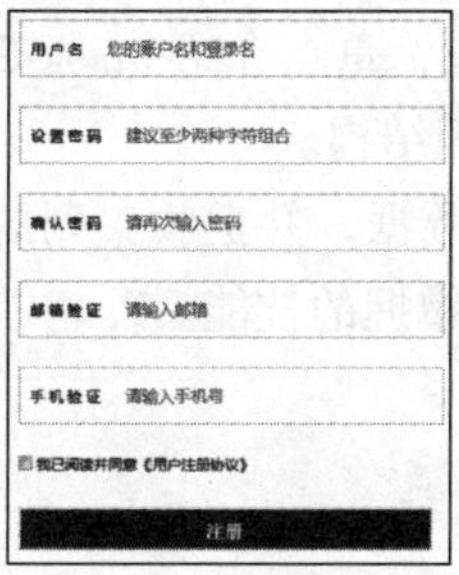

图 4-11　注册表单

2．使用 Flask-WTF 实现文章发布及图片上传功能，如图 4-12 所示。

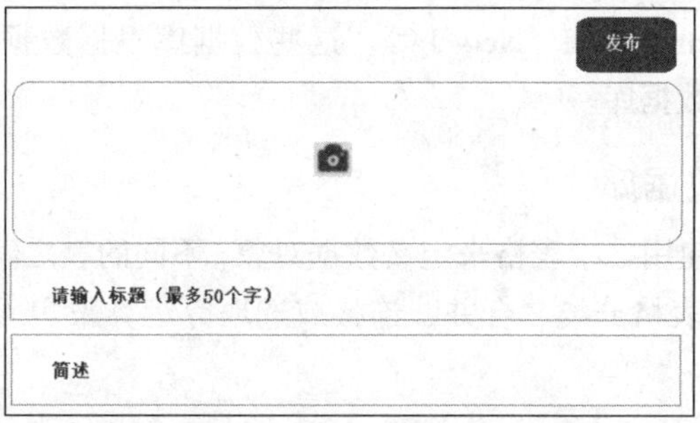

图 4-12　文章发布及图片上传

第5章 数据库操作基础

笔记栏

学习目标

✓ 了解数据库的分类及组成，能够表述数据库的特点。

✓ 掌握 Python 访问数据库的流程及操作，能够实现数据的增删改查。

✓ 掌握 Flask-SQLAlchemy 中 ORM 的定义，能够建立数据模型。

✓ 熟练掌握 FLask-SQLAlchemy 第三方扩展，能够实现数据的添删改查。

✓ 掌握项目的组织结构，具有创建项目结构的能力。

Web 开发过程中，为了实现页面结构与数据逻辑分离，通常将数据保存到数据库中。数据库管理系统可以方便地对数据进行增删改查，极大地提高数据的管理能力及数据传递效率。本章首先介绍数据库的类型及特点；然后介绍 Python 访问 MySQL 数据库的流程及操作，重点介绍 Flask-SQLAlchemy 第三方扩展的相关内容；最后介绍一般项目的组织结构。

Web 开发中通过表单收集数据，并把收集到的数据保存到数据库，因此数据库操作是 Web 开发过程中必须掌握的技能。

5.1 数据库基础

数据库简单来说就是数据的仓库，它是依照某种数据模型组织起来的数据集合。管理数据库的软件称为数据库管理系统（DBMS），目前互联网常见的数据库管理软件有 Oracle、MySQL、SQL Server、PostgreSQL、SQLite、MongoDB、Redis、HBase、Memcached、Neo4J 等。这些数据库根据数据结构可分为关系型数据库和非关系型数据库。

5.1.1 关系型数据库

关系型数据库使用二维表格来定义数据对象，不同的表之间使用关系来连接，通过对这些关联的表格分类、合并、连接或选取等运算来实现数据库的管理。二维表示例见表 5-1。

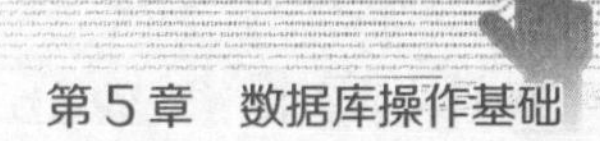

笔记栏

表5-1　Student 表

sno	name	sex	department	classname
S001	李佳明	男	人工智能	C001
S002	金泽众	男	信息安全	C005
S003	林慧敏	女	数字媒体	C008

表头一行用来定义表的结构信息，每一列称为字段（属性），通常包括字段名、类型、长度、默认值等。

其他行代表一条记录，表中不允许两条记录在属性上完全相同。

表中行的次序无关，列的次序无关。

常见关系型数据库有 MySQL、SQL Server、Oracle、PostgreSQL、SQLite 等。

5.1.2　非关系型数据库

关系型数据库以二维表格形式存储数据 结构比较规整固定；非关系型数据库以 JSON 文档、哈希表或者其他方式存储数据，数据库没有固定的结构，无须事先创建数据字段，结构更加灵活和可扩展，其缺点是对复杂查询的业务支持较差，适合特定业务环境。

非关系型数据库依据数据存储的方式不同，可分为以下几类。

1. 键值数据库

键值数据库使用简单的键值方法来存储数据。键值数据库将数据存储为键值对集合，其中键作为唯一标识符。键值数据库主要针对高性能并发读写场景，定位是“灵活”，典型代表是 Redis、Memcached 等。

2. 文档数据库

文档数据库可存放并获取文档，可以是 XML、JSON、BSON 等格式，这些文档具备可述性（self-describing），呈现分层的树状结构（hierarchical tree data structure），可以包含映射表、集合。文档数据库可视为其值可查的键值数据库，定位是“快”。典型代表是 MongDB。

3. 列存储数据库

列存储（column-based）是相对于传统关系型数据库的行存储（Row-basedstorage）来说的。简单来说，两者的区别就是对表中数据存储形式的差异。列存储数据库每次读取的数据是集合的一段或者全部，不存在冗余性问题，定位是大，典型的代表是 HBase。

4. 图形数据库

图形数据库是一种存储图形关系的数据库，它的数据存储结构和数据的查询方式都是以图论为基础的。图形数据库定位是“连接”，典型代表是 Neo4J。

5.2 Python 数据库框架 PyMySQL

由于 MySQL 服务器以独立方式运行，因此 Python 需要相应的驱动程序连接到服务器。Python 3.x 提供了简单方便的 PyMySQL 驱动来实现连接。

Python 操作数据库的流程如图 5-1 所示，基本步骤如下：

安装 PyMySQL →连接 MySQL →获取游标→执行 SQL 语句→关闭游标→关闭连接。

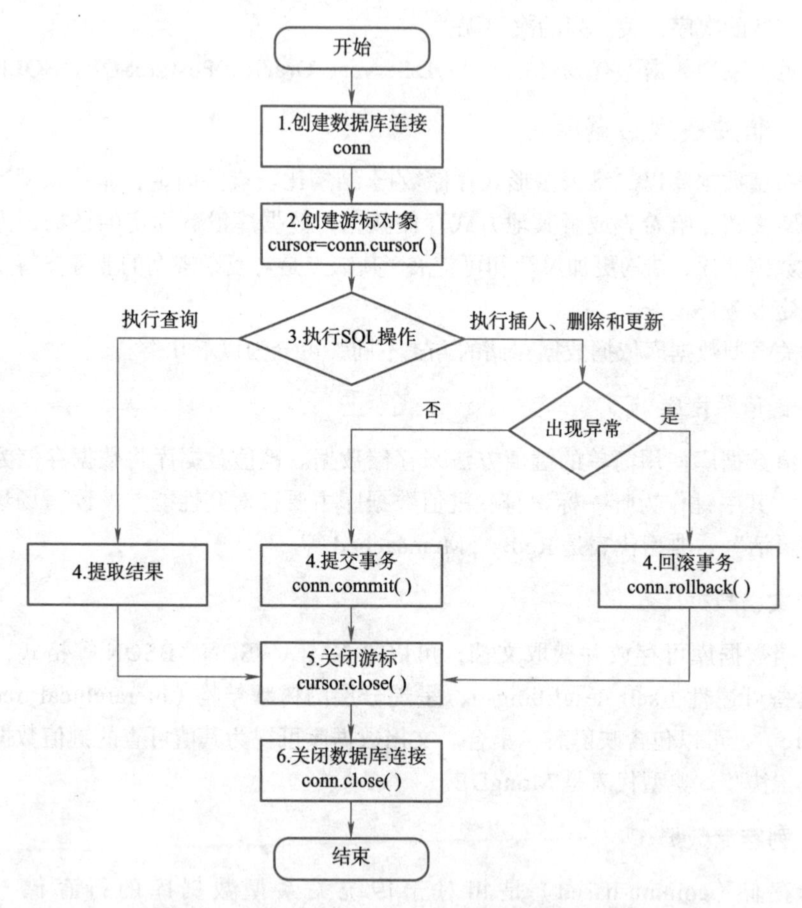

图 5-1　Python 通过 pyMySQL 操作数据库的流程

本节示例中的数据库名为 studms，用户名为 root，密码为空，数据表名为 student，表中字段有编号、姓名、性别、系部、班级、入学年份（id，name，sex，department，classname，year）六个。

1. 安装 PyMySQL

```
pip install PyMySQL
```

笔记栏

2. 连接 MySQL

```
import pymysql
#建立数据库连接，参数1：主机名或ip；参数2：用户名；参数3：密码；
 参数4：数据库名
conn=pymysql.connect("localhost","root","","studms")
```

或以下代码

```
conn=pymysql.connect(
     host='localhost',        #主机名或ip
     user='root',             #用户名
     passwd=" "               #密码
     db='studms',             #数据库名称,
     port=3306,               #端口号
     charset='utf8',          #字符集
     cursorclass='Cursor',
     #游标类型，默认为元组类型，DictCursor设置为字典类型
)
```

3. 获取 cursor

```
cursor=conn.cursor()
```

4. 执行 SQL 语句，实现增删改查功能

cursor.execute(operation[,params]) 执行一条 SQL 语句，operation 是 SQL 语句，params 为参数，可以是字典或序列类型。返回值是整数，表示执行 SQL 语句影响的行数。

curosr.executemany(operation[,seq_of_params]) 执行批量 SQL 语句，operation 是 SQL 语句，params 是序列。返回值是整数，表示执行 SQL 语句影响的行数。

cursor.fetchall()：从结果集返回所有数据。

cursor.fetchone()：从结果集中返回一条记录的序列，如果没有数据则返回 None。

cursor.fetchmany([size=cursor.arraysize])：从结果集返回小于或等于 size 的记录数序列，如果没有数据则返回空序列，size 默认情况下是整个游标的行数。

cursor.rowcount：最近一次执行数据库查询命令后，返回影响的行数。

5. 关闭 cursor

```
cursor.close()
```

笔记栏

6. 关闭连接

```
conn.close()
```

5.2.1 添加数据

向数据库中插入数据，首先建立数据库连接，然后获取游标对象，之后通过cursor.execute() 执行 SQL 语句，最后使用 conn.commit() 方法提交事务，让数据插入操作真正生效。

代码如下所示：

```
1    Import  pymysql
2    conn=pymysql.connect("localhost", "root", "", "studms")
3        cursor=conn.cursor()
4        try:
5            sql1="insert into student(name,sex,department,
             classname,year) values
            ('李佳明','男','人工智能','c001',2022)"
6            sql2="insert into student(name,sex,department,
             classname,year) values
            ('金泽众','男','信息安全','c005',2022)"
7            sql3="insert into student(name,sex,department,
             classname,year) values
             ('林慧敏','女','数字媒体','c008',2022)"
8            cursor.execute(sql1)  # 执行 SQL 语句
9            cursor.execute(sql2)
10           cursor.execute(sql3)
11           conn.commit()           # 提交事务
12       except Exception as e:      # 抛出异常
13           print(e)                # 打印 e
14           conn.rollback()         # 事务回滚
15       cursor.close()              # 关闭游标
16       conn.close()                # 关闭数据库连接
```

5.2.2 查询数据

查询数据表 student 中所有数据，首先建立数据库连接，然后获取游标对象，之后通过 cursor.execute() 执行 SQL 语句，最后使用 cursor.fetchall() 返回结果集中所有数据。

示例代码如下：

```
1    Import pymysql
```

笔记栏

```
2    conn=pymysql.connect("localhost", "root", "", "studms")
3    cursor=conn.cursor()
4    try:
5              sql="select * from student"
6              cursor.execute(sql)       # 执行 SQL 语句
7              results=cursor.fetchall()
               # 从结果集返回所有数据，默认为 (()) 二维元组方式
8              for  row in  results:
9                  print(row)
10        except Exception as e:     # 抛出异常
11             print(e)                 # 打印 e
12        cursor.close()               # 关闭游标
13        conn.close()                 # 关闭数据库连接
```

其运行结果如图 5-2 所示。

```
(1, '李佳明', '男', '人工智能', 'c001', 2022)
(2, '金泽众', '男', '信息安全', 'c005', 2022)
(3, '林慧敏', '女', '数字媒体', 'c008', 2022)
```

图 5-2　查询数据 - 以二维数组方式返回

创建游标对象时，指定使用字典类型的游标对象，cursor=conn.cursor(DictCursor)，此时将返回列表 + 字典的数据结构。

示例代码如下：

```
1    conn=pymysql.connect("localhost","root","","studms")
2       cursor=conn.cursor(DictCursor)       # 指定使用字典类型
3       try:
4           sql="select * from student"
5           cursor.execute(sql)                # 执行 SQL 语句
6           results=cursor.fetchall()
7           for row in results:
8               print(row)
9      except Exception as e:                    # 抛出异常
10          print(e)                           # 打印 e
11     cursor.close()                          # 关闭游标
12     conn.close()                            # 关闭数据库连接
```

其运行结果如图 5-3 所示。

笔记栏

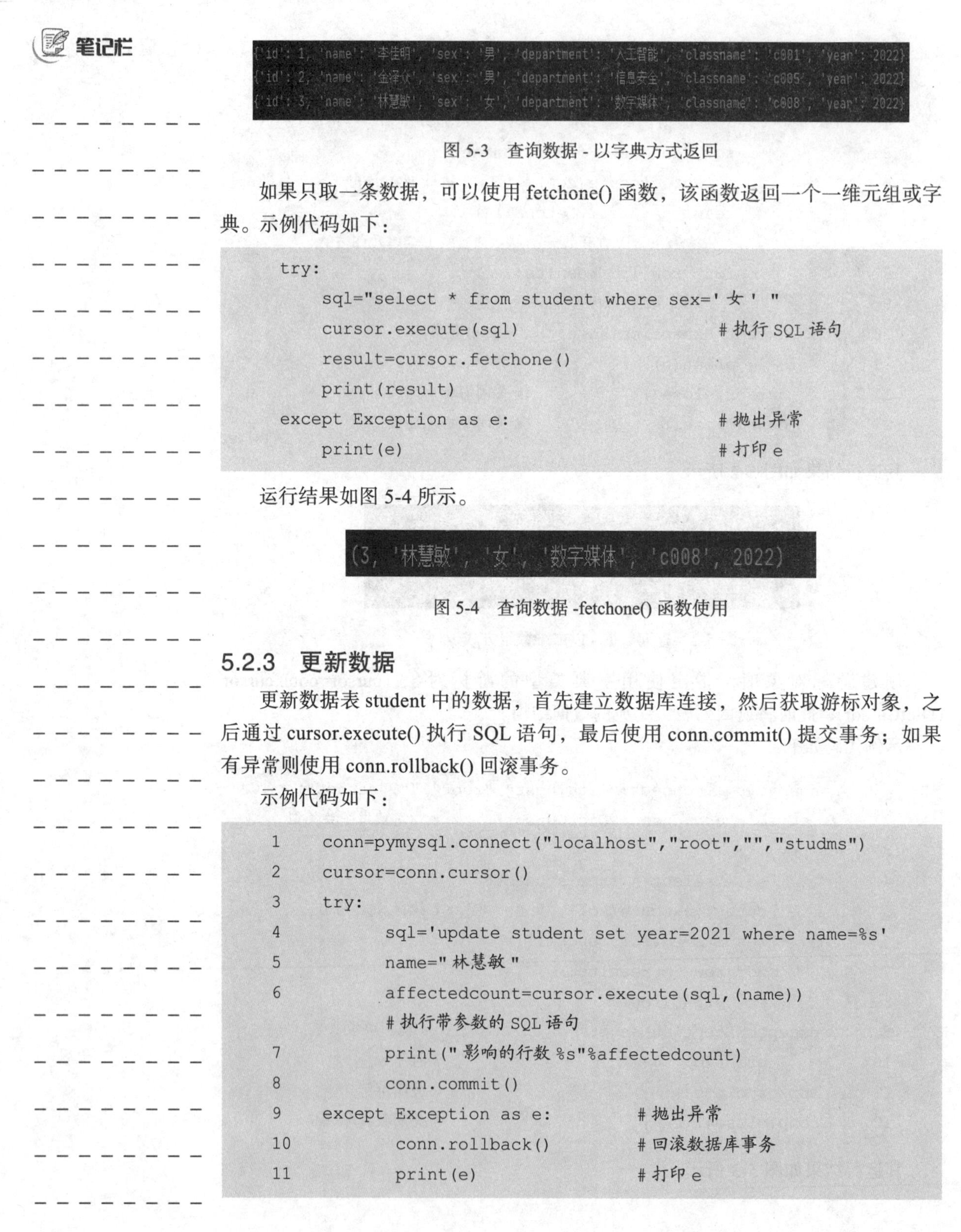

```
{'id': 1, 'name': '李佳明', 'sex': '男', 'department': '人工智能', 'classname': 'c001', 'year': 2022}
{'id': 2, 'name': '金泽众', 'sex': '男', 'department': '信息安全', 'classname': 'c005', 'year': 2022}
{'id': 3, 'name': '林慧敏', 'sex': '女', 'department': '数字媒体', 'classname': 'c008', 'year': 2022}
```

图 5-3　查询数据 - 以字典方式返回

如果只取一条数据，可以使用 fetchone() 函数，该函数返回一个一维元组或字典。示例代码如下：

```
try:
    sql="select * from student where sex='女' "
    cursor.execute(sql)                          # 执行 SQL 语句
    result=cursor.fetchone()
    print(result)
except Exception as e:                           # 抛出异常
    print(e)                                     # 打印 e
```

运行结果如图 5-4 所示。

```
(3, '林慧敏', '女', '数字媒体', 'c008', 2022)
```

图 5-4　查询数据 -fetchone() 函数使用

5.2.3　更新数据

更新数据表 student 中的数据，首先建立数据库连接，然后获取游标对象，之后通过 cursor.execute() 执行 SQL 语句，最后使用 conn.commit() 提交事务；如果有异常则使用 conn.rollback() 回滚事务。

示例代码如下：

```
1    conn=pymysql.connect("localhost","root","","studms")
2    cursor=conn.cursor()
3    try:
4        sql='update student set year=2021 where name=%s'
5        name="林慧敏"
6        affectedcount=cursor.execute(sql,(name))
         # 执行带参数的 SQL 语句
7        print("影响的行数 %s"%affectedcount)
8        conn.commit()
9    except Exception as e:          # 抛出异常
10       conn.rollback()             # 回滚数据库事务
11       print(e)                    # 打印 e
```

5.2.4 删除数据

删除数据表 student 中的数据，首先建立数据库连接，然后获取游标对象，之后通过 cursor.execute() 执行 SQL 语句，最后使用 conn.commit() 提交事务；如果有异常则使用 conn.rollback() 回滚事务。

示例代码如下：

```
1    conn=pymysql.connect("localhost","root","","studms")
2     cursor=conn.cursor()
3     try:
4         sql='delete from student where sex=%s and year=%s'
5         sex='男'
6         year=2022
7         affectedcount=cursor.execute(sql,(sex,year))
          #执行带参数的SQL语句
8         print("影响的行数%s" % affectedcount)
9         conn.commit()
10   except Exception as e:                    #抛出异常
11        conn.rollback()
12        print(e)                             #打印e
```

5.3 Flask-SQLAlchemy

在 Flask Web 应用程序中使用原始 SQL 语句对数据库执行 CRUD 操作可能很烦琐。为此，Flask 扩展 Flask-SQLAlchemy 提供了 SQL 的全部功能和灵活性，它是一个功能强大的对象关系映射器，支持多种数据库后台，可以将类的对象映射至数据库表。使用这个工具，不用编写 SQL 语句，可以创建数据库、创建表、为数据库添加数据、进行查询操作等，Flask-SQLAlchemy 操作流程如图 5-5 所示。

5.3.1 对象关系映射

对象关系映射（object relational mapping，ORM）是一种为了解决面向对象与关系数据库存在的互不匹配的现象的技术。ORM 通过使用描述对象和数据库之间映射的元数据，将程序中的对象自动持久化到关系数据库中。ORM 中对象与关系之间的映射有以下三个层次：

（1）数据库的表（table）→类（class）。

（2）记录（record，行数据）→对象（object）。

（3）字段（field）→对象的属性（attribute）。

ORM 的优点如下：

（1）简单。以最基本的形式建模数据。一张表对应一个类，表中的字段对应

笔记栏

类中的成员变量，符合面向对象设计思想。

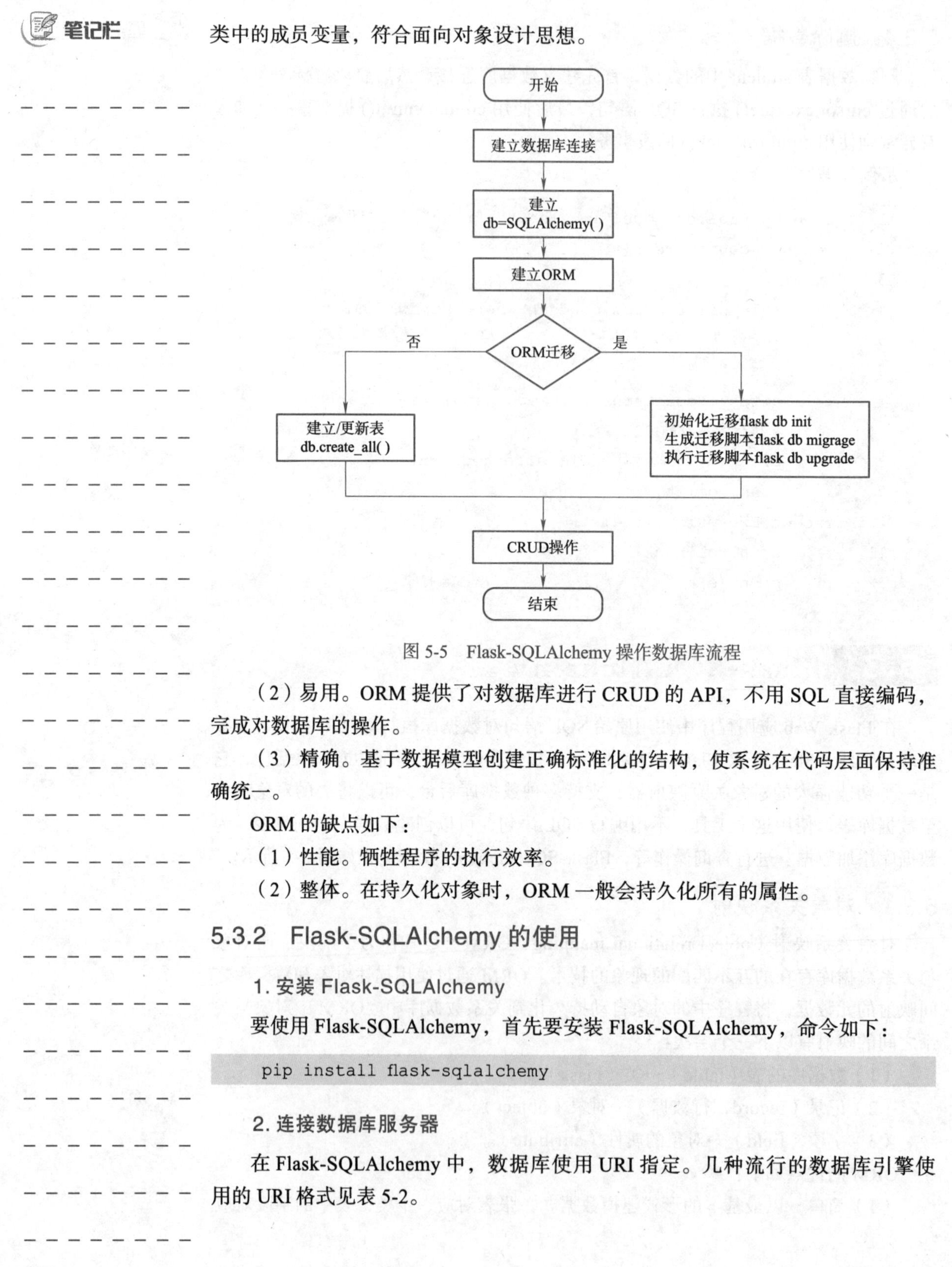

图 5-5　Flask-SQLAlchemy 操作数据库流程

（2）易用。ORM 提供了对数据库进行 CRUD 的 API，不用 SQL 直接编码，完成对数据库的操作。

（3）精确。基于数据模型创建正确标准化的结构，使系统在代码层面保持准确统一。

ORM 的缺点如下：

（1）性能。牺牲程序的执行效率。

（2）整体。在持久化对象时，ORM 一般会持久化所有的属性。

5.3.2　Flask-SQLAlchemy 的使用

1. 安装 Flask-SQLAlchemy

要使用 Flask-SQLAlchemy，首先要安装 Flask-SQLAlchemy，命令如下：

```
pip install flask-sqlalchemy
```

2. 连接数据库服务器

在 Flask-SQLAlchemy 中，数据库使用 URI 指定。几种流行的数据库引擎使用的 URI 格式见表 5-2。

笔记栏

表 5-2 URI 格式

DBMS	URI
MySQL	mysql://username:password@host/databasename
SQLite(内存型)	Sqlite:///或 sqlite:///:memory
SQLite(windows)	Sqlite:///absolute\\path\\to\database.db
SQLite(Linux)	Sqlite:////absolute/path/to/database.db
MS SQLServer	mssql+pyodbc://<username>:<password>@<Host>:<Port>/databaseanme
Oracle	Oracle://username:password@host:port/database
PostgreSQL	Postgresql://username:password@host/databasename

以 MySQL 数据库为例，数据库连接配置如下代码：

```
#设置数据库连接地址，用户名 root 密码 root，数据库名 studms
app.config['SQLALCHEMY_DATABASE_URI']=
        'mysql://root:root@127.0.0.1/studms'
#是否追踪数据库修改，一般不开启，会影响性能
app.config['SQLALCHEMY_TRACK_MODIFICATIONS']=False
#是否显示底层执行的 SQL 语句
app.config['SQLALCHEMY_ECHO']=True
```

Flask 项目一般将数据库配置写入 configs.py 文件中，示例代码如下：

```
HOST='127.0.0.1'
PORT='3306'
DATABASE='studms'
USERNAME='root'
PASSWORD=' '
DB_URI=
"mysql+pymysql://{username}:{password}@{host}:{port}/
{db}?charset=utf8".format(username=USERNAME,password=PASSWORD,
host=HOST,port=PORT, db=DATABASE)

SQLALCHEMY_DATABASE_URI=DB_URI
SQLALCHEMY_TRACK_MODIFICATIONS=False
SQLALCHEMY_ECHO=True
```

数据库配置后需要和 App 绑定，App.py 文件内编写 Flask 应用的创建和蓝图的注册等，代码如下：

```
import configs
from flask_sqlalchemy import SQLAlchemy
```

笔记栏

```
app=Flask(_name_)
#加载配置文件
app.config.from_object(configs)
db=SQLAlchemy(app)
#db 绑定 app
db.init_app(app)
```

3. 创建模型数据

使用应用程序对象作为参数创建 SQLAlchemy 类的对象。该对象包含用于 ORM 操作的辅助函数。它提供了一个父 Model 类，使用它来声明用户定义的模型。以下示例代码创建表为 article，表中包含三个字段。

```
class User(db.Model):
    _tablename_='user'     #设置表名，表名默认为类名小写
    id=db.Column(db.Integer,primary_key=True)
    #设置主键，默认自增
    name=db.Column('username',db.String(20),unique=True)
    #设置字段名和唯一约束
    age=db.Column(db.Integer,default=10,index=True)
    # 设置默认值约束和索引
```

db.Column 类构造函数的第一个参数是数据库列和模型属性的类型，常用数据类型见表 5-3。

表 5-3　常用的数据类型

类　型　名	Python类型	说　　明
db.Integer	int	整数
db.Float	float	浮点数
db.String	str	变长字符串
db.Text	str	较长的Unicode文本
db.Boolean	bool	布尔值
db.Date	Datetime.date	日期
db.Time	Datetime.time	日间
db.DateTime	Datetime.datetime	日期和时间
db.Interval	Datetime.timedelta	时间间隔
db.Enum	str	一组字符串
db.pickleType	任何Python对象	pickle序列化
db.LargeBinary	str	二进制blob

db.Column 的其余参数指定属性的配置选项，常用 SQLAlchemy 配置选项见表 5-4。

笔记栏

表 5-4　常见 SQLAlchemy 配置选项

参数名	说明
primary_key	如果设为True，则列为表的主键
autoincrement	自动增长
unique	如果设为True，则列不允许出现重复的值
index	如果设为True，则为列创建索引，提升查询效率
nullable	如果设为True，则列允许使用空值，默认为True
default	为列定义默认值
Comment	创建表时的注释

4. 创建数据库和表

可以使用 db.create_all() 命令创建数据库和表。注意：一旦数据库和表创建成功后，对模型类的修改不会更新到数据库和表中，可以使用 db.drop_all() 先删除数据库和表，再次执行 db.create_all()。

示例代码如下：

```
1    from flask import Flask
2    from flask_sqlalchemy import SQLAlchemy
3
4    app=Flask(_name_)
5    app.config['SQLALCHEMY_DATABASE_URI']='mysql://root:
                                   ''@127.0.0.1:3306/studms'
6    app.config['SQLALCHEMY_TRACK_MODIFICATIONS']=False
7    app.config['SQLALCHEMY_ECHO']=True
8    # 创建组件对象
9    db=SQLAlchemy(app)
10
11   class User(db.Model):
12       _tablename_='user'     # 设置表名，表名默认为类名小写
13       id=db.Column(db.Integer,primary_key=True)
         # 设置主键，默认自增
14       name=db.Column('username',db.String(20),unique=True)
         # 设置字段名和唯一约束
15       age=db.Column(db.Integer,default=10,index=True)
         # 设置默认值约束和索引
16
17   if_name_=='_main_':
18       # 删除所有继承自 db.Model 的表
```

笔记栏

```
19        db.drop_all()
20        #创建所有继承自 db.Model 的表
21        db.create_all()
22        app.run(debug=True)
```

程序运行结果如图 5-6 所示。

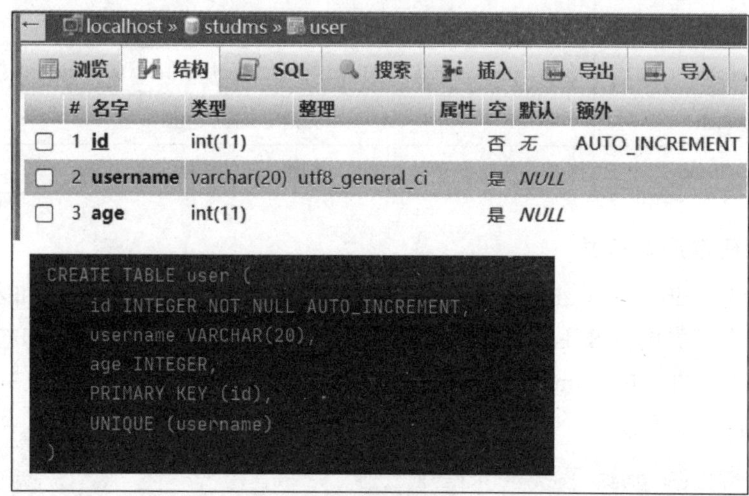

图 5-6　数据表结构

5. 数据的增删改查

（1）数据添加。使用 ORM 进行数据的添加时，首先构造 ORM 模型对象；然后通过 db.session.add() 添加到会话；最后使用 db.session.commit() 把数据提交到数据库，如果把会话中的操作回滚，使用 db.session.rollback() 实现。示例代码如下：

```
@app.route("/add")
def add():
  #构造 ORM 模型对象
  user1=User(name='李佳明',age=18)
  user2=User(name='金泽众',age=19)
  #添加到 db.session
  db.session.add(user1)
  db.session.add(user2)
  #提交到数据库
  db.session.commit()
  return "添加成功"
```

（2）数据查询。在 ORM 中，使用模型类从数据库中提取数据，一般模式如下：

笔记栏

```
模型类.query.过滤方法.查询方法
```

常用SQLAlchemy查询方法见表5-5。

表5-5 常见SQLALchemy查询方法

方法名	说 明
all()	返回查询结果集中的所有对象,列表类型
first()	获取查询结果集中的第一个对象,如果未找到,则返回None
one()	返回第一条记录,且仅允许有一条记录。如果记录数据不等于1,则抛出异常
one_or_none()	返回第一条记录,且仅允许有一条记录。如果记录数据不等于1,则抛出None
get(pk)	根据主键获取记录,如果未找到,则返回None
count()	返回查询结果的数量
exists()	判断数据是否存在
paginate()	返回一个pagination对象,可以对记录进行分页处理

示例代码如下：

```
@app.route("/query")
def query():
    #1.获取User所有数据
    users=User.query.all()
    #2.获取第一条数据
    first=User.query.first()
    #3.获取主键为2的User对象
    user=User.query.get(2)
    #4.获取User对象的个数
    count=User.query.count()
    #5.获取User对象是否存在
    exist=User.query.exists()
    print(users,user,first,count,exist)
    return "查询操作"
```

在查询数据时，经常需要做过滤操作。SQLAlchemy常用过滤方法见表5-6。

表5-6 SQLAlchemy常用过滤方法

过滤方法	说 明
filter()	根据查询条件过滤
filter_by()	根据关键字参数过滤
limit(limit)	对结果数据进行限制
offset(offset)	跳过offset偏移量进行查询

笔记栏

续表

过滤方法	说　明
group_by()	根据指定条件进行分组
order_by()	根据指定条件进行排序
Slice(start,stop)	对结果进行分片操作

示例代码如下：

```
@app.route("/filter")
def filter():
    #1.查询年龄等于18的所有记录
    filter1=User.query.filter(User.age==18).all()
    #2.根据关键字过滤，查询年龄等于18的所有记录
    filter2=User.query.filter_by(age=18).all()
    #3.同时满足多个条件，利用and_实现
    filter3=User.query.filter(and_(User.age>18 ,User.age<20)).all()
    #4.满足多个条件中的一个或多个，利用or_实现
    filter4=User.query.filter(or_(User.name=='李佳明',
    User.name=='李小月')).all()
    #5.判断是否在指定的数据集中，利用in_实现
    filter5= User.query.filter(User.name.in_(['金泽众','金泽敏','
    金泽慧'])).all()
    #6.判断不在指定的数据集中，利用~ in_实现
    filter6=User.query.filter(~User.name.in_(['金泽众','金泽敏',
    '金泽慧'])).all()
    #7.判断是否为空，利用is_实现
    filter7=User.query.filter(User.name.is_(None)).all()
    #8.判断是否不为空，利用isnot实现
    filter8=User.query.filter(User.name.isnot(None)).all()
    #9.模糊查询，利用like或contains()
    filter9=User.query.filter(User.name.like("%泽%")).all()
    filter10=User.query.filter(User.name.contains("泽")).all()
    print(filter1,filter2,filter3,filter4,filter5,filter6,filter7,
    filter8,filter9,filter10)
    return "过滤操作"
```

（3）数据修改。修改数据分两种情况。

```
@app.route("/update")
def update():
    #1.针对一条数据，直接修改数据对象，然后执行db.session.commit()
```

笔记栏

```
    update1=User.query.get(1)
    update1.age=21
    db.session.commit()
    #2.针对多条数据，首选通过filter或filter_by过滤数据，然后执行update()，
       最后执行db.session.commit()，不同步操作
    update2=User.query.filter(User.name.like('李%')).
    update({User.age:User.age+1},synchronize_session=False)
    db.session.commit()
    print(update2)
    return "数据修改"
```

（4）数据删除。删除数据分两种情况。

```
@app.route("/delete")
def delete():
    #1.针对一条数据，直接执行db.session.delete()，
       然后执行db.session.commit()
    user=User.query.get(1)
    db.session.delete(user)
    db.session.commit()
    #2.针对多条数据，首先过滤，然后执行delete()，
       最后执行db.session.commit()
    delete2=User.query.filter(User.name.like('李%')).
    delete(synchronize_session=False)
    db.session.commit()
    print(delete2)
    return "数据删除"
```

5.4 登录与注册案例

5.4.1　案例说明

本案例采用Flask-SQLAlchemy+MySQL+Flask-WTF技术实现登录与注册功能，用户输入正确的用户名和密码，单击“登录”按钮，即可实现登录。如果没有输入用户名和密码，将提示错误；输入用户名、密码及确认密码，如果符合注册规则，则注册用户到数据库，如果不符合规则，给出提示信息，如图5-7~图5-9所示。

5.4.2　文件夹组织结构

本案例的入口文件为app.py，在入口文件中引入所需的各种文件，文件夹组

织结构如图 5-10 所示。

图 5-7　首页效果

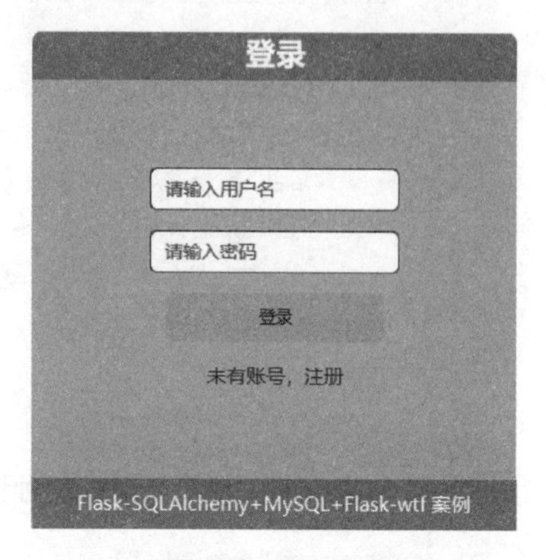

图 5-8　登录页面

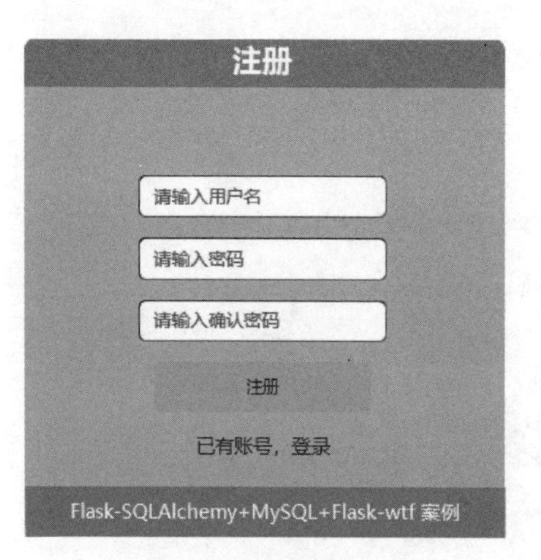

图 5-9　注册页面

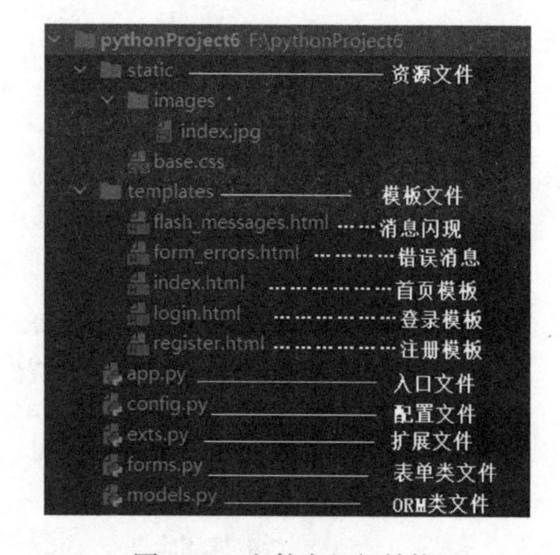

图 5-10　文件夹组织结构

（1）Config.py 配置文件中的存储相关配置信息，代码如下：

```
#数据库的配置信息
HOST='127.0.0.1'            #主机名
PORT='3306'                 #端口号
DATABASE='studms'           #数据库名
USERNAME='root'             #用户名
PASSWORD=''                 #密码
DB_URI="mysql://{username}:{password}@{host}:{port}/{db}?
charset=utf8".format(username=USERNAME,password=PASSWORD,
host=HOST,port=PORT, db=DATABASE)
SQLALCHEMY_DATABASE_URI=DB_URI              #数据库连接
SQLALCHEMY_TRACK_MODIFICATIONS=True          #动态跟踪
```

笔记栏

```
SQLALCHEMY_ECHO=True                              #显示生成SQL语句
SECRET_KEY='123456'                               #密钥设置
```

（2）exts.py 文件

为了防止文件之间循环引用，建立 exts.py 文件，文件内容如下：

```
#引用SQLAlchemy 模块
from flask_sqlalchemy  import  SQLAlchemy
#初始化组件对象，延后关联Flask应用
db=SQLAlchemy()
```

（3）models.py 文件

```
models.py文件中建立Accounts ORM模型，对应数据库表accounts，
包括id、username、password、create_at和updated_at五个字段。
from exts import db
from datetime import datetime
class Accounts(db.Model):
    """ 用户模型 """
    _tablename_='accounts'
    id=db.Column(db.Integer, primary_key=True, autoincrement=True)
    # 主键
    #用户名
    username=db.Column(db.String(64),unique=True,nullable=False)
    #密码
    password=db.Column(db.String(256),nullable=False)
    #创建时间
    created_at=db.Column(db.DateTime,default=datetime.now)
    #最后修改的时间
    updated_at=db.Column(db.DateTime,default=datetime.now,
    onupdate=datetime.now)
```

（4）forms.py

forms.py 文件中包括注册表单类及登录表单类，其中注册表单类内容如下：

```
From flask_wtf import FlaskForm
From wtforms import StringField, PasswordField, ValidationError
From wtforms.validators import DataRequired,Length,EqualTo

from exts import db
from models import Accounts
```

笔记栏

```
class RegisterForm(FlaskForm):
    """ 用户注册 """
    username=StringField(label='用户名', render_kw={
        'class': 'form-control input-lg',
        'placeholder': '请输入用户名'
    }, validators=[DataRequired('请输入用户名')])
    password=PasswordField(label='密码', render_kw={
        'class': 'form-control input-lg',
        'placeholder': '请输入密码'
    }, validators=[DataRequired('请输入密码'),
       Length(min=6,max=12,message='密码长度在6-10之间')])
    confirm_password=PasswordField(label='确认密码', render_kw={
        'class': 'form-control input-lg',
        'placeholder': '请输入确认密码'
    }, validators=[DataRequired('请输入确认密码'),
       EqualTo('password', message='两次密码输入不一致')])
    #自定义验证用户是否已注册
    def validate_username(self,field):
        """检测用户名是否已经存在"""
        user=Accounts.query.filter_by(username=field.data).first()
        if user:
            raise ValidationError('该用户名已经存在')
        return field
  #用户注册函数
    def register(self):
        """自定义的用户注册函数"""
        #1.获取表单信息
        username=self.username.data
        password=self.password.data
        #2.添加到db.session
        try:
            user_obj=Accounts(username=username,
            password=password)
            db.session.add(user_obj)      #添加用户
            db.session.commit()           #提交到数据库
            return user_obj
        except Exception as e:
            print(e)
        return None
```

登录类表单类内容如下：

```
class LoginForm(FlaskForm):
    """用户登录"""
    username=StringField(label='用户名',render_kw={
        'class': 'form-control input-lg',
        'placeholder': '请输入用户名'
    }, validators=[DataRequired('请输入用户名')])
    password=PasswordField(label='密码',render_kw={
        'class': 'form-control input-lg',
        'placeholder': '请输入密码'
    }, validators=[DataRequired('请输入密码')])

    def validate(self):
        result=super().validate()
        username=self.username.data
        password=self.password.data
        if result:
            user=Accounts.query.filter_by(username=username,
            password=password).first()
            if user is None:
                result=False
                self.username.errors=['用户名或者是密码错误']
        return result
```

（5）app.py

app.py 入口文件，首先，引用 config.py,exts.py、models.py、forms.py 模块文件，代码如下：

```
From flask import Flask,render_template,session,flash,redirect,url_for
From exts import db
From models import Accounts
From forms import LoginForm,RegisterForm

app=Flask(_name_)
app.config.from_object('config')
#数据库初始化
db.init_app(app)
…
if_name_=='_main_':
   app.run(host="0.0.0.0",debug=True)
```

笔记栏

其次，定义首页、登录页及注册页的路由内容如下：

```
#首页路由
@app.route("/")
def index():
    return render_template("index.html")
#登录路由
@app.route('/login', methods=['GET','POST'])
def login():
    """登录页面"""
    form=LoginForm()
    if form.validate_on_submit():
        print('正在登录')
        username=form.username.data
        password=form.password.data
        #1.查找对应的用户
        account=Accounts.query.filter_by(username=username,
        password=password).first()
        #2.登录用户
        session['user_id']=account.id
        #4.跳转到首页
        flash('{}，欢迎回来'.format(account.username),'success')
        return redirect(url_for('index'))
    else:
        print(form.errors)
    return render_template('login.html',form=form)

#注册路由
@app.route('/register', methods=['GET','POST'])
def register():
    """ 注册 """
    form=RegisterForm()
    if form.validate_on_submit():
        user_obj=form.register()
        if user_obj:
            # 跳转到登录的页面
            flash('注册成功，请登录','success')
            return redirect(url_for('login'))
        else:
            flash('注册失败，请稍后再试','danger')
    return render_template('register.html',form=form)
```

笔记栏

5.4.3　模板文件

（1）Index.html 为首页文件，其主要代码如下：

```
<body>
<div class="box">
    <div class="login_box">
        <h1> 首页 </h1>
        {% include 'flash_messages.html' %}   {# 显示消息区域 #}
        <img  style="border-radius:50%" src="/static/images/
         index.jpg"><br><br>
        <a href="{{url_for('login')}}"> 登录 </a>
        <a href="{{url_for('register')}}"> 注册 </a>
    </div>
    <div class="footer">
        Flask-SQLAlchemy+MySQL+Flask-wtf 案例
    </div>
</div>
</body>
```

（2）login.html 为登录页文件，其主要代码如下：

```
<body>
<div class="box">
    <div class="login_box">
        {% from 'form_errors.html' import form_field_errors %}
        <form   method="post"   action="{{ url_for('login') }}">
             {{ form.csrf_token }}
            <h1> 登录 </h1>
            <div class="box">
                {% include 'flash_messages.html' %}
                <p > {{ form.username }}</p>
                <p>{{ form_field_errors(form.username.errors) }}</p>
                <p >{{ form.password }}</p>
                <p>{{ form_field_errors(form.password.errors) }}</p>
                <p><input class="login_login" type="submit"
                value=" 登录 "></p>
                <p><a  class="login_a" href="{{ url_for('register')
                }}"> 未有账号，注册 </a></p>
            </div>
        </form>
    </div>
```

笔记栏

```
        <div class="footer">
            Flask-SQLAlchemy+MySQL+Flask-wtf 案例
        </div>
    </div>
    </body>
```

（3）register.html 为注册页面文件，其主要代码如下：

```
    <body>
    <div class="box">
        <div class="login_box">
            {% from 'form_errors.html' import  form_field_errors %}
            {# 引入宏 #}
            <form method="POST"  action="{{ url_for('register')
             }} " >
                <h1>注册</h1>
                {{ form.csrf_token }}
                <div class="box">
                    {% include 'flash_messages.html' %}
                    <p>{{ form.username }}</p>
                    <p>{{ form_field_errors(form.username.errors)
                        }}</p> {# 宏的使用 #}
                    <p>{{ form.password }}</p>
                    <p>{{ form_field_errors(form.password.errors)
                        }}</p>
                    <p>{{ form.confirm_password }}</p>
                    <p>{{ form_field_errors(form.confirm_password.
                          errors) }}</p>
                    <p><input class="login_login" type="submit"
                         value="注册"></p>
                    <p><a class="login_a" href="{{ url_for('login')
                         }}">已有账号，登录</a></p>
                </div>
            </form>
        </div>
        <div class="footer">
            Flask-SQLAlchemy+MySQL+Flask-wtf 案例
        </div>
    </div>
    </body>
```

笔记栏

（4）flash-messages.html 文件定义消息通知区域中显示的消息，代码如下：

```
{# flash 消息 #}
<!-- 消息通知区域 -->
{% for category, message in get_flashed_messages
   (with_categories=true) %}
<p>{{message}}</p>
{% endfor %}
```

（5）form-erros.html 文件中定义宏 form_field_errors，实现错误消息显示，其代码如下：

```
{#表单验证中的错误显示#}
{% macro form_field_errors(err_list) %}
  {% if err_list %}
    <ul class="text-danger">
      {% for err in err_list %}
        <li>{{ err }}</li>
      {% endfor %}
    </ul>
  {% endif %}
{% endmacro %}
<!-- // 消息通知区域→
```

小　　结

本章首先介绍数据库的类型及特点；然后介绍如何通过数据库框架PyMySQL实现数据的增删改查；接着重点介绍ORM及FLask-SQLAlchemy第三方扩展；最后介绍一般项目的组织结构。通过本章的学习，读者能够熟练利用Flask-SQLAlchemy操作数据库，为后续项目开发打好基础。

思考与练习

一、选择题

1．下列属于 NoSQL 的是（　　）。

A．oracle　　　　B．access

C．db2　　　　D．InfoGrid

2．cursor 对象默认是（　　）类型。

A．元组　　B．列表　　C．字典　　D．集合

笔记栏

3. PyMySQL 连接 MySQL 数据库的 port 默认是（　　）。

A. 80　　B. 3306　　C. 5 000　　D. 8 000

4. 以下 SQL 语句中，用于从表 user 中查询姓李所有学生信息的是（　　）。

A. Select * From user Where StudName=' 李 '

B. Select * From user Where StudName like' 李 _'

C. Select * From user Where StudName like' 李 %'

D. Select * From userWhere StudName like '% 李 '

5. 关于 Flask-SQLAlchemy 插件说法错误的是（　　）。

A. Flask-SQLAlchemy 基于 SQLAlchemy 封装，更适合 Flask 使用

B. Flask-SQLAlchemy 定义的 ORM 模型可以映射到数据库中生成对应的表

C. Flask-SQLAlchemy 只能连接 MySQL 数据库

D. 使用 Flask-SQLAlchemy 必须要先配置好 SQLALCHEMY_DATABASE_URI

6. 关于 Flask-SQLALchemy 中 ORM 的说法错误的是（　　）。

A. ORM 类都必须继承自 SQLAlchemy 实例对象的 Model 或者其子类，否则将不能被映射到数据库中

B. 在 ORM 中，如果想要让某个字段自增长，则必须设置 autoincrement=True

C. 在 ORM 中，如果想要定义一个字段为字符串类型，则可以通过 db.Strnig 或者 db.Text 来实现

D. 定义一个 Article 模型，content 内容长度不可控，则可以通过 db.String(200) 来指定类型

7. 关于用 ORM 操作数据以下说法正确的是（　　）。

A. 使用 db.session.add 添加数据后，不需要做额外的操作即可添加到数据库中

B. 使用 ORM 模型查询数据的时候，比如 Article，是通过 Article.objects 来查询的

C. 使用 db.session 可以轻松地实现数据增删改查操作

D. 修改完某个 ORM 对象的某个字段后，不需要 commit 即可在数据库中同步修改

8. 有 ORM 模型 Article，其中有 id、title、content 字段，以下说法错误的是（　　）。

A. 如果想要根据 id 进行查询，可以使用 Article.query.get(id) 来进行查询

B. 在字符长度不超过 200 的情况下，可以将 title 的类型设置成 db.String(200)

C. 在字符长度不可控的情况下，可以将 content 的类型设置成 db.Text

笔记栏

D．如果想要设置 title 不能为空，则可以通过添加 nullable=False 参数设置

9．ORM 是 Object Relational Mapping 的缩写，译为“对象关系映射”，它解决了对象和关系型数据库之间的数据交互问题，其中 O 对应数据库的（　　）。

A. 数据库　　B. 数据表

C. 记录　　D. 字段

10．利用 Flask-SQLAlchemy 查询李姓同学的语句是（　　）。

A．User.query.filter(User.name.like("% 李 %")).all()

B．User.query.filter(User.name.like(" 李 %")).all()

C．User.query.filter(User.name.contains(" 李 ")).all()

D．User.query.filter(User.name.contains(" 李 %")).all()

二、实践题

设图书信息保存在数据库 books 中，实现图书数据的添加、修改和删除功能，如图 5-11 所示。

← → C 127.0.0.1:5000

百度　微信网页版　3.1.2 使用ajax实现...　02.基

序号	书名	出版社	价格	操作
1	计算机基础	中国铁道出版社	36	编辑 删除
2	微信小程序开发	北京理工大学出版社	45	编辑 删除
3	单片机与传感器	中国交通大学版社	48	编辑 删除
4	Vue3.x开发实践	北京理工大学出版社	48	编辑 删除
添加数据				

图 5-11　图书系统

第6章 数据库操作进阶

笔记栏

学习目标

✓ 掌握多表之间的关系，能够在模型中定义一对一、一对多及多对多关系。

✓ 掌握 Flask-SQLAlchemy 中 paginate 方法的使用，能够实现分页查询。

✓ 掌握 Flask-Migrate 扩展的使用，能够实现数据库迁移。

✓ 掌握 Flask-SQLAcodegen 扩展的使用，能够根据数据库表生成数据模型。

Web 开发中，往往涉及多表处理，而表与表之间关系相对复杂、数据量大，因此本章着重介绍如何通过 Flask-SQLAlchemy 实现多表处理，如何实现分页查询；同时介绍如何通过第三方扩展实现数据库表的更新及通过 ORM 生成数据库表等相关内容。

6.1 数据库表中的关系

在关系型数据库中，不同表之间通常有一对一、一对多（多对一）和多对多关系。在 Flask-SQLAlchemy 中关系的建立通过创建外键和定义关系属性来实现，外键通过 db.ForeignKey() 实现，关系通过 db.relationship() 实现。

6.1.1 一对一关系

在学生信息系统中，学生的基本表和学生详细表之间是一对一关系。一个学生对应一个学生相应的详细信息。

学生基本表 ORM 模型如下：

```
class Student(db.Model):
    _tablename_="student"
    id=db.Column(db.Integer, primary_key=True,comment=" 主键 ID")
    name=db.Column(db.String(250),comment=" 姓名 ")
    age=db.Column(db.Integer,comment=" 年龄 ")
    sex=db.Column(db.Boolean,default=False,comment=" 性别 ")
```

笔记栏

```
    #关联属性，是SQLAlchemy提供给开发者快速引用外键模型的一个对象属性，
    不存在于MySQL中
    #backref反向引用通过外键模型查询主模型数据时的关联属性
    #useList表示关联模型是否为List，如果为False，则不使用列表，
    而使用标量值，在一对一关系中，需要设置uselist=False
    info=db.relationship("StudentInfo",backref="user",
    uselist=False)
    def_repr_(self):
        return self.name
```

学生详细表ORM模型如下：

```
class StudentInfo(db.Model):
    _tablename_="student_info"
    id=db.Column(db.Integer, primary_key=True, comment="主键ID")
    address=db.Column(db.String(255),nullable=True,
    comment="家庭住址")
    mobile=db.Column(db.String(15),unique=True,comment=
    "紧急联系电话")
    #在从表中定义外键sid，关联到Student表中的id，必须与Student
      表中id的类型一致
    #unique=True 数据库层面上实现一对一
    sid= db.Column(db.Integer,db.ForeignKey(Student.id),
    comment="学生",unique=True)

    def_repr_(self):
       return self.name
```

添加基础表及详细表信息，代码如下：

```
  @app.route("/add")
def add():
    user1=Student(name="张三",age=18)
    user2=Student(name="李四",age=19)
    db.session.add(user1)
    db.session.add(user2)
    ext1=StudentInfo(address='陕西',mobile=153,sid=1)
    ext2=StudentInfo(address="河北",mobile=180,sid=2)
    #ext3=StudentInfo(address="河南",mobile=152,sid=2)
    db.session.add(ext1)
    db.session.add(ext2)
```

笔记栏

```
        #db.session.add(ext3)
        db.session.commit()
        return "数据添加成功"
```

查询数据，分别从基础表及详细表中查询信息，并获取对应表信息，代码如下：

```
@app.route("/select")
def select():
    student=Student.query.filter(Student.name=='张三').first()
    print(student.name)
    print(student.info.address )       #获取详细表中的地址

    studentinfo=StudentInfo.query.filter(StudentInfo.id==1).
    first()
    print(studentinfo.address)
    print(studentinfo.user.name)       #获取基础表中的姓名
    return "查询数据"
  if_name_=='_main_':
    # db.drop_all()
    # db.create_all()
app.run(debug=True)
```

6.1.2 一对多关系

在学生信息系统中，教师表和课程表一对多关系。一个教师可以对应多门课程。教师表 ORM 模型如下：

```
class Teacher(db.Model):
    _tablename_="teacher"
    id=db.Column(db.Integer,primary_key=True,comment=
        "主键 ID")
    name=db.Column(db.String(250), comment="姓名")
    sex=db.Column(db.Boolean, default=False, comment="性别")
    option=db.Column(db.Enum("助教","讲师","教授"),default=
    "讲师", comment="职称")
    #关联属性，一的一方添加模型关联属性
    course_list=db.relationship("Course",uselist=True,
    backref="teacher",lazy='dynamic')

    def_repr_(self):
        return self.name
```

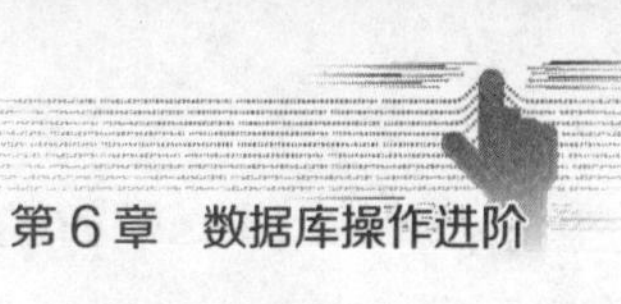

笔记栏

在定义关联属性时，参数 lazy 决定了 ORM 框架何时从数据库中加载数据。

（1）lazy='subquery'，查询当前数据模型时，采用子查询（subquery），外键模型的属性瞬间查询。

（2）lazy=True 或 lazy='select'，查询当前数据模型时，不会把外键模型的数据查询出来，只有操作到外键关联属性时，才进行连表查询数据。

（3）lazy='dynamic'，查询当前数据模型时，不会把外键模型的数据查询出来，只有操作到外键关联属性并操作外键模型具体属性时，才进行连表查询数据。

课程表 ORM 模型如下：

```
class Course(db.Model):
    _tablename_="course"
    id=db.Column(db.Integer,primary_key=True,comment=
    "主键 ID")
    name=db.Column(db.String(250),unique=True,comment=
    "课程名称")
    score=db.Column(db.Numeric(6, 2),comment="成绩")
    # 外键，多的一方模型中添加外键
    teacher_id=db.Column(db.Integer,db.ForeignKey
    (Teacher.id))

    def_repr_(self):
       return self.name
```

添加教师及课程表信息，代码如下：

```
@app.route("/add")
def add():
    teacher=Teacher(
        name='李老师',
        option='教授',
        course_list=[
            Course(name='python',score='89'),
            Course(name='flask',score='90'),
            Course(name='爬虫',score='95'),
        ]
    )
    db.session.add(teacher)
    db.session.commit()

    course=Course(name='数据分析',score=96,teacher_id=1)
    db.session.add(course)
```

笔记栏

```
    db.session.commit()
    return "数据添加成功"
```

一对多关系数据查询，代码如下：

```
@app.route("/select")
def select():
    teacher=Teacher.query.filter(Teacher.name=='李老师').first()
    print(teacher.name, teacher.option)

    for i in teacher.course_list:
      print(i.name)

    course=Course.query.filter(Course.name=='爬虫').first()
    print(course.teacher.name, course.score)
    return "数据查询"
```

6.1.3 多对多关系

在学生信息系统中，学生表和课程表是多对多关系。

在SQLAlchemy中，处理多对多关系的主要方法是建立一张关联表（中间表），把多对多关系转化为两个一对多关系来处理。关联表不存储数据，只存储关系两侧模型的外键对应关系。

```
"""创建模型类"""
#db.Table(
#表名,
#db.Column("字段名",字段类型,外键声明),
#db.Column("字段名",字段类型,外键声明),
#)
"""以db.Table关系表来确定模型之间的多对多关联"""
achievement=db.Table(
    "achievement",
    db.Column("student_id",db.Integer,db.ForeignKey
    ('student.id')),
    db.Column("course_id",db.Integer,db.ForeignKey
    ('course.id')),
)

class Student(db.Model):
    _tablename_="student"
```

笔记栏

```
    id=db.Column(db.Integer,primary_key=True,comment=
    "主键 ID")
    name=db.Column(db.String(250),comment="姓名")
    age=db.Column(db.Integer,comment="年龄")
    sex=db.Column(db.Boolean,default=False,comment="性别")
    # 关联属性，是 SQLAlchemy 提供给开发者快速引用外键模型的一个对象属性，
    不存在于 mySQL 中
    #backref 反向引用，通过外键模型查询主模型数据时的关联属性
    #info=db.relationship("StudentInfo",backref="own",
     uselist=False)

    course_list=db.relationship("Course",secondary=
    achievement,backref="aaa",lazy="dynamic")
    def_repr_(self):
        return self.name

class StudentInfo(db.Model):
    _tablename_="student_info"
    id=db.Column(db.Integer,primary_key=True,comment=
    "主键 ID")
    sid=db.Column(db.Integer,db.ForeignKey(Student.id),
    comment="学生")
    address=db.Column(db.String(255),nullable=True,
    comment="家庭住址")
    mobile=db.Column(db.String(15),unique=True,comment=
    "紧急联系电话")

    def_repr_(self):
        return self.own.name


class Teacher(db.Model):
    _tablename_="teacher"
    id=db.Column(db.Integer, primary_key=True, comment=
    "主键 ID")
    name=db.Column(db.String(250),comment="姓名")
    sex=db.Column(db.Boolean,default=False,comment="性别")
    option=db.Column(db.Enum("助教","讲师","教授"),default=
    "讲师",comment="职称")
```

笔记栏

```
    course_teacher_list=db.relationship("Course",uselist=
    True,backref="teacher",lazy="dynamic")

    def_repr_(self):
        return self.name


class Course(db.Model):
    _tablename_="course"
    id=db.Column(db.Integer,primary_key=True,comment=
    "主键 ID")
    name=db.Column(db.String(250),unique=True,comment=
    "课程名称")
    score=db.Column(db.Numeric(5,1))
    teacher_id=db.Column(db.Integer,db.ForeignKey
    (Teacher.id),comment='老师')
    student_list=db.relationship('Student',secondary=
    achievement,backref='bbb',lazy='dynamic')

    def_repr_(self):
        return self.name
```

添加学生及课程信息，代码如下：

```
@app.route("/add")
def add():
    """多对多"""
    course1=Course(name='python',score=98,teacher=Teacher
    (name="李老师", option="教授"))
    course2=Course(name='flask', score=85,teacher=Teacher
    (name="代老师", option="讲师"))
    course3=Course(name='爬虫', score=96, teacher=Teacher
    (name="王老师", option="讲师"))
    student1=Student(name='张三',age=18)
    student2=Student(name='李四',age=19)
    student1.course_list.append(course1)
    student1.course_list.append(course2)
    student2.course_list.append(course2)
    student2.course_list.append(course3)
    db.session.add_all([course1,course2,course3])
    db.session.commit()
    return "多对多数据添加"
```

笔记栏

多对多关系数据查询，代码如下：

```
@app.route("/select")
def select():
    student=Student.query.filter(Student.name=='李四').first()
    print(student)        #张三
    print(student.course_list.all())     # [python,flask]

    course=Course.query.filter(Course.name=='flask').first()
    print(course)                          # flask
    print(course.student_list.all())      #[张三，李四]

    return "多对多数据查询"
```

6.2 数据库表的分页查询

数据库表的分页除了采用query对象的limit()和offset()方法外，Flask-SQLAlchemy提供的paginate()方法可以快速实现分页。paginate()方法的返回值是一个Pagination对象，这个类包含很多的属性和方法，见表6-1，用来在模板中生成分页的链接，并将其作为参数传入模板。

表6-1　Pagination对象常用属性及方法

属性/方法名	说　明
total	总的记录条数
pages	查询到的总页数，per_page定义每页显示的记录条数
page	当前页码
has_prev	是否有上一页（True/False）
has_next	是否有下一页（True/False）
prev_num	上一页页码
next_num	下一页页码
items	当前页面中的所有记录，列表形式
query	当前页的的Pagination对象
prev()	上一页的分页对象Pagination
next()	下一页的分页对象Pagination
iter_pages(left_edge=2,left_current=3,right_current=3,right_edge=2)	针对当前页应显示的分页页码列表，left_edge/right_edge表示左/右边界显示页码数，left_current/right_current表示当前页左/右显示页码数，其余用None表示。 假设当前共有20页，当前页为10页，按照默认的参数设置调用iter_pages获得的列表为：[1,2,None,7,8,9,10,11,12,13,None,19,20]

笔记栏

6.2.1 视图函数中定义分页数据

路由的设计思路是根据查询的页码作为参数，利用 Flask-SQLAlchemy 的 query 进行查询并对查询结果进行分页处理。代码如下：

```
@app.route('/select/<int:page>')
def select(page):
    #1.获取查询，准备数据
    student_list=Student.query
    #2.分页，获取 pagination 对象，page 表示当前页码，
    per_page 表示每页显示记录条数
    pagination=student_list.paginate(page,per_page=5)
    #3.在模板中实现分页操作
return render_template("list_page.html",pagination=pagination)
```

6.2.2 定义分页显示格式

不同页面显示的内容虽然不同，但每页中分页显示格式基本相同，只是上一页、当前页、下一页不同，因此采用 Jinja2 的宏定义传递 pagination 对象和路径作为参数，通过调用宏的执行生成分页内容。

宏模板文件 pages.html，代码如下。

```
{%# 定义 my_paginate 宏 #%}
{%macro my_paginate(pagination,url)%}
<link rel="stylesheet" href="/static/page.css">
<nav>
    <ul class="pagination">
        {%if pagination.has_prev%}
        <li class="page-item active"><a class="page-link"
        href="{{url_for(url,page=pagination.page-1)}}">
                上一页 </a></li>{%else%}
        <li class="page-item disabled"><a class="page-link"
        href="#">上一页 </a></li> {%endif%}

        {%for page in pagination.iter_pages(2,3,3,2)%}
        {%if page%}
        <li class="page-item {%if page==pagination.page%}
        active{%endif%}"><a class="page-link"

href="{{url_for(url,page=page)}}">{{page}}</a>
        </li>
        {%else%}
```

笔记栏

```
        <li class="page-item disabled"><a class="page-link"
         href="#">&hellip;</a></li>
        {%endif%}

        {%endfor%}

        {%if pagination.has_next%}
        <li class="page-item active"><a class="page-link"
        href="{{url_for(url,page=pagination.page+1)}}">
        下一页 </a></li>
        {%else%}
        <li class="page-item disabled"><a class="page-link"
        href="#"> 下一页 </a></li>
        {%endif%}

    </ul>
</nav>
{%endmacro%}
```

6.2.3　在模板文件中调用宏

在 list_page.html 中导入 pages.html 模板并调用 pages.html 中定义的 my_pagination 宏，传入两个参数：一个参数是 pagination 对象，这个参数是从 app.py 中渲染 list_page.html 的时候传入的；另一个参数是 app.py 中路由方法的名称 select，在 my_paginate 中就可以利用 url_for 函数进行路由方法对应路径的寻找。代码如下：

```
{%import 'pages.html' as pg%}
...
{{pg.my_paginate(pagination,'select')}}
```

程序运行结果如图 6-1 所示。

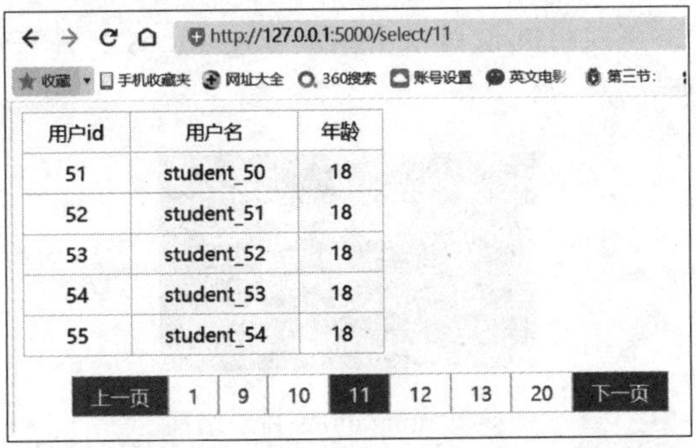

图 6-1　Pagination 分页

笔记栏

6.3 Flask-Migrate 实现数据库迁移

在前面的示例中，利用 ORM 定义模型后，通过 db.create_all() 将 ORM 模型映射到数据库中，但这种方式只有数据表不存在时，Flask_SQLAlchemy 才会创建数据库表，如果数据库表存在，字段修改后，不能利用 db.create_all() 生成新的数据表，必须先利用 db.drop_all() 删除数据库相关表，然后重新运行 db.create_all() 才会重新生成数据表。因此，可以借助第三方插件 Flask-Migrate 来实现。

Flask-Migrate 是一款数据库迁移工具，对是 Alembic 的进一步封装，以便更好地适配 Flask 和 Flask-SQLAlchemy 应用程序。

使用 Flask-Migrate 插件前，通过 pip install flask-Migrate 安装插件，命令如下：

```
pip install flask-Migrate
```

1. 创建 Flask-Migrate 迁移对象

代码如下：

```
from flask import Flask
from flask-sqlalchemy import SQLAlchemy
from flask-migrate import Migrate
app=FLask(_name_)
…
db=SQLAlchemy(app)
migrate= Migrate(app,db)
```

创建 migrate 对象时需传入 app 和 db 对象。

2. 初始化迁移环境

当创建完迁移对象后，需要初始化迁移环境，在项目的根路径下执行以下命令：

```
flask db init
```

执行此命令后，在项目的根目录下生成 migrations 文件夹及相应的文件和子文件夹，如图 6-2 所示。

图 6-2　migrations 目录结构

初始化迁移环境只需执行一次，后续只需生成迁移脚本和执行迁移脚本即可。

3. 生成迁移脚本

初始化迁移环境完成后，无论是新增还是修改 ORM 模型，若要同步到数据库中，都需要生成迁移脚本，执行以下命令即可：

```
Flask db migrate -m '说明信息'
```

执行此命令后，系统自动在 versions 文件夹下生成迁移文件，如图 6-3 所示。

图 6-3　生成迁移脚本

脚本文件名 dea584f6f999_ 新添属性 .py 由 revision 的编号及说明信息组成，脚本文件中记录了此次修改的内容。

4. 执行迁移脚本

只有执行迁移脚本，才能将 ORM 的修改同步到数据库表中。执行迁移脚本的命令如下：

```
flask db upgrade
```

执行此命令后，系统从 versions 中找到最新的迁移脚本文件，执行此文件中的 upgrade() 函数，完成模型到数据库表的映射，到此通过 Flask-Migrate 实现数据库迁移。

6.4 Flask-SQLAcodegen

利用 db.create_all() 命令或 Flask-Migrate 第三方插件把 ORM 表转换为数据库表，若要把已存在的数据库表转换为 ORM 表，则可采用 Flask-SQLAcodegen 第三方插件实现。

1. 安装 Flask-SQLAcodegen 插件

执行以下命令：

```
pip install flask-sqlacodegen
```

2. 使用工具生成 ORM 表

（1）整个数据库生成 ORM Model 表，执行以下命令：

笔记栏

```
Flask-sqlacodegen "数据库类型 :// 用户名 : 密码 @ 数据库 IP/ 数据库名"
  --outfile "保存目录 / 表结构文件 .py" --flask
```

示例：

```
flask-sqlacodegen "mysql://root:pwd@127.0.0.1/myblogs"
 --outfile "models/myblogs" --flask
```

（2）单张数据表生成 ORM model 表，执行以下命令：

```
Flask-sqlacodegen "数据库类型 :// 用户名 : 密码 @ 数据库 IP/ 数据库名"
   --tables 数据库表名 --outfile "保存目录 / 表结构文件 .py " --flask
```

示例：

```
flask-sqlacodegen "mysql://root:pwd@127.0.0.1/myblogs"
  --tables  users  --outfile "models/users" --flask
```

小　　结

本章首先介绍了如何通过FLask-SQLAlchemy扩展实现多表之间关系的建立；其次介绍了通过Flask-SQLAlchemy中的paginate()方法实现快速分页功能；最后介绍了通过Flask-Migrate实现数据库更新和通过flask-sqlacodegen实现数据库表的建立。本章是数据库进阶知识，熟练掌握以上相关内容是开发大中型项目必备的技能。

思考与练习

一、选择题

1. 在处理关系函数中，Flask-SQLAlchemy 处理一对一关系函数的参数为（　　）。

A．lazy　　　　B．uselist=True

C．uselist=False　　　　D．secondary

2.. 在处理关系函数中，Flask-SQLAlchemy 处理一对多关系函数的参数为（　　）。

A．lazy　　　　B．backref

C．order_by　　　　D．secondary

3. 在处理关系函数中，Flask-SQLAlchemy 处理多对多关系函数的参数为（　　）。

A．lazy　　　　B．backref

C．order_by　　　　　　　　　　　　　D．secondary

4．Flask-SQLAlchemy 中 paginate() 方法获取当前页码的属性是（　　）。

A．pages　　　　　　　　　　　　　　B．page

C．per_page　　　　　　　　　　　　　D．query

5. 关于 ORM 模型迁移的说法错误的是（　　）。

A. 迁移之前，先需要使用 flask db init 来初始化

B. 迁移之前，需要先使用 flask db migrate 来生成迁移脚本

C. 使用 flask db upgrade 迁移脚本，真正映射到数据库中进行修改

D. 在项目的任何地方定义的 ORM 模型，Flask 都可以将其迁移到数据库中

二、实践题

1．利用 Flask-WTF 及 Flask-SQLAlchemy 插件实现新年祝福功能，如图 6-4 所示。

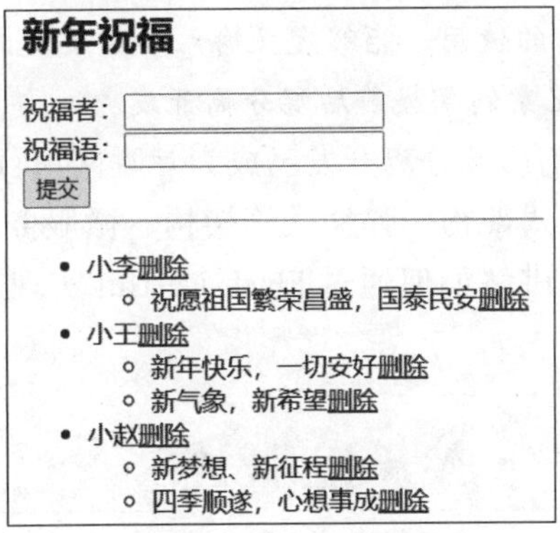

图 6-4　新年祝福效果

2．利用 Flask-SQLAlchemy 中的 paginate() 方法实现如图 6-5 所示分页效果。

图 6-5　分页效果

第7章 前后端分离开发

笔记栏

学习目标

✓ 了解前后端分离开发，能够表述前后端分离开发的优势。

✓ 理解 RESTFul 的组成，能够设计 URL。

✓ 掌握 Flask-Restful 的使用，能够定义输入参数及输出格式。

✓ 通过在线学习笔记案例掌握前后端分离开发。

随着技术的发展，前后端分离开发已成为互联网项目开发的业界标准，前后端分离开发为大型分布式架构、弹性计算架构、微服务架构、多端化服务打下坚实的基础，本章主要讲解如何通过 Flask-Restful 实现在线笔记案例的前后端开发。

7.1 前后端分离开发概述

在 Web 应用早期，后端将数据和页面组装、渲染，向浏览器输出最终的 HTML；浏览器接收到后会解析 HTML，解析引入的 CSS、执行 JS 脚本，完成最终的页面展示，如图 7-1 所示。

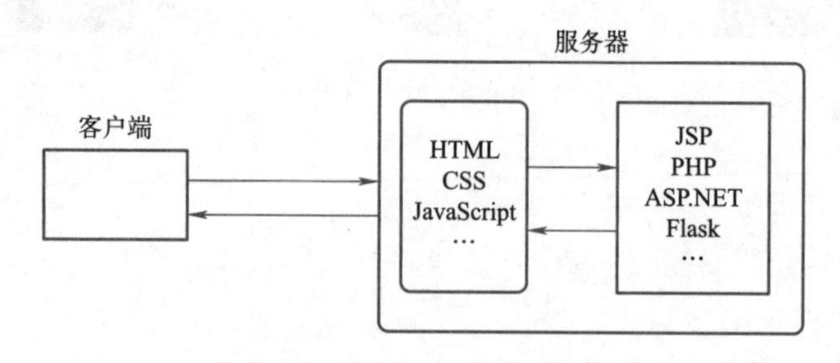

图 7-1　传统 Web 开发模式

通常情况下，前端页面及后台业务数据处理的代码放在一个工程下，前端页面夹杂着后端代码。前后端代码耦合度高，前端不能独立开发和测试，后端人员依赖前端人员开发的页面。

随着软件技术和业务发展，传统的开发模式不再适应实际的需要，前后端分

离应运而生，前端负责数据的展示和用户交互，后端负责提供数据处理，实现前后端应用的解耦，极大提升开发效率，如图 7-2 所示。

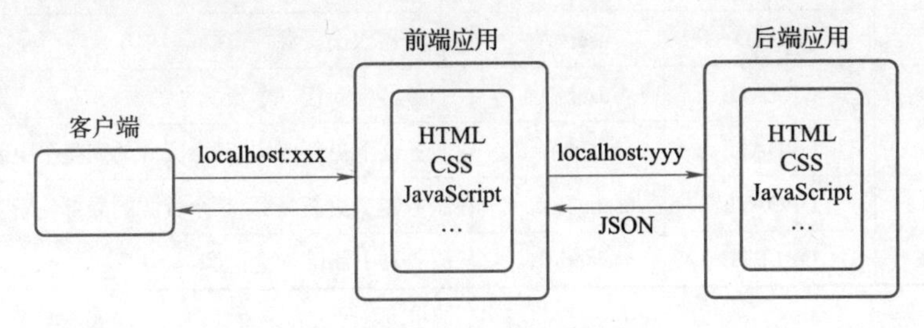

图 7-2　前后端分离模式

此阶段前端只需独立编写客户端代码，后端只需独立编写服务端代码提供数据接口即可；前后端开发者只需要提前约定好接口文档（如 URL、参数、数据类型），然后分别独立开发；前端可以使用模拟数据进行测试，完全不需要依赖后端，最后完成前后端集成即可。

前后端分离开发的优点如下：

（1）开发效率高。前后端各负其责，前端和后端都做自己擅长的事情，不互相依赖，开发效率高，分工比较均衡，可以极大地提高开发效率。

（2）访问速度快，提升页面性能，优化用户体验。没有页面之间的跳转，资源都在同一个页面，页面片段间切换快，用户体验好。

（3）代码维护性强。前后端代码结构清晰、简洁；前后端工程师负责各自端代码方便、难度低。

（4）一次开发，多端使用。同一套后端程序代码，不用修改就可以用于 Web 界面、手机、平板等多种客户端。

7.2 RESTful

REST 是 Representational State Transfer 的简称，中文含义为表现层状态转换。REST 指的是一组架构约束条件和原则，满足这些约束条件和原则的应用程序或设计就是 RESTful。RESTful 中的部分概念含义如下：

Resource（资源）也就是数据，可以是文本、数字、图像、视频等，每一个 URI 代表一种资源。

Representational（表现层）也就是表现形式，例如图像的表现形式可以是 .jpg、.png、.gif 等形式，在 RESTful 中数据的表现形式常用 JSON 或 XML 等格式。

State Transfer：状态变化对应到 HTTP 的 GET、POST、PUT、PATCH 和 DELETE 等请求方法。

REST 结合 HTTP 请求类型和 URL 地址定义对数据库资源的访问，见表 7-1。

笔记栏

表 7-1 HTTP 方法对应 URL

HTTP方法名	数据库操作方法	URL	描　述
GET	READ	/users	从服务器取出资源(一项或多项)
POST	CREATE	/users	在服务器上新建一个资源
PUT	UPDATE	/users/	在服务器上更新资源(某个资源的完整个更新)
PATCH	UPDATE	/users/{id}	在服务器上更新资源(某个资源的局部更新)
DELETE	DELETE	/users/{id}	从服务器上删除指定资源

7.3 Flask-RESTful

Flask-RESTful 是一个 Flask 的扩展，它增加了对快速构建 REST APIs 的支持。它是一种轻量级的抽象，可以与现有的 ORM/ 库一起工作。

7.3.1 使用 Flask-RESTful

（1）安装 Flask-RESTful 第三方插件，安装命令如下：

```
pip  install flask-restful
```

（2）创建 api 对象，需要从 flask_restful 中导入 Api, 命令如下：

```
    from flask_restful  import  Api
    api=Api()
```

（3）编写类视图，继承自 Resource，在类视图中定义相应的方法，比如在 UserView 类视图中定义 get、post 方法。

```
class  UserView(Resource):
  def get(self):
     pass
def  post(self):
  Pass
…
```

（4）定义路由，使用 api.add_resource 来添加视图与 url。

```
  api.add_resource(UsersView,'/',endpoint='users')
```

示例程序 flask-restful-01/01.py 代码如下：

```
1     from flask import Flask
2     from flask_restful  import  Api, Resource
3
4     app=Flask(_name_)
```

笔记栏

```
5     api=Api(app)
6
7     class UserView(Resource):
8         def get(self):
9             return  {"msg":"get 方法访问 "}
10        def post(selfs):
11            return "post 方法访问 "
12    #api.add_resource(类视图名 ,url,endpoint),endpoint 若省略，
       使用类视图小写字母替代
13    api.add_resource(UserView, '/user',endpoint='user')
14
15    @app.route('/')
16    def index():  # 函数视图
17        return "Hello World"
18
19    if_name_=='_main_':
20      app.run(debug=True)
```

采用 postman 工具软件测试效果，如图 7-3~ 图 7-5 所示。

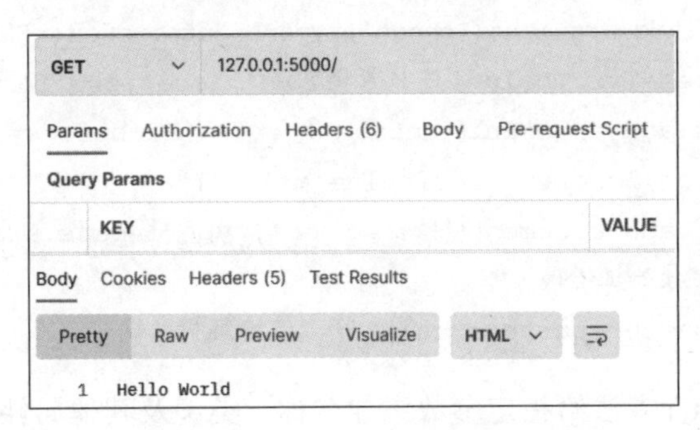

图 7-3　get 方法访问函数视图 URI

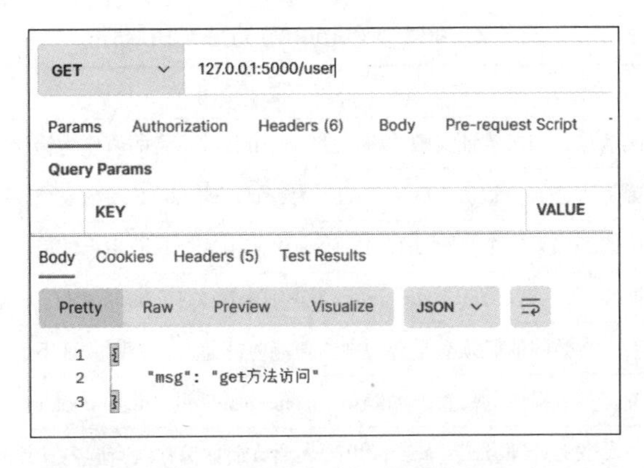

图 7-4　get 方法访问类视图 URI

笔记栏

图 7-5　post 方法访问类视图 URl

7.3.2　输入参数验证

Flask-Restful 插件提供了验证所提交数据是否合法的 reqparse 类，通过给类添加需要验证的参数，可实现输入参数验证。示例代码如下：

```
parser=reqparse.RequestParser()
parser.add_argument('id',type=int,help='输入用户 id',
required=True,location='form')
parser.add_argument('name',type=str,help='请输入用户名',
location='form')
parser.add_argument('phone',type=inputs.regex(r'1[3578]\d{9}'),
required=True,help='手机号码有误',location='form')
parser.add_argument('gender',type=str,choices=['male',
'female','secret'],default='male'')
parser.add_argument('home_page',type=inputs.url,help=
'主页链接验证错误！')
args=parser.parse_args()          #解析参数
```

add_argument() 方法给指定参数添加名称、类型及其他属性，常用的属性见表 7-2。

表 7-2　add_argument() 方法常用属性

属性名	说　明
help	错误信息，如果验证失败，将会使用这个参数指定的值作为错误信息
required	设置是否必需，默认为False，如果为True，输入时必须指定该参数
default	默认值，如果这个参数没有值，那么将使用这个参数指定的值。
type	数据类型，可以为int、str、regex（正则表达式）、url、date、FileType('r')
choices	选项，参数的值必须满足选项中的值能验证通过，否则验证不通过
location	位置，参数提供的位置，如form、json、headers、files、cookies、args，默认json
action	同名参数的处理方式，append以列表形式追加保存所有同名参数的值

示例程序 flask-restful-01/02.py 代码如下：

```
1    from flask import Flask
2    from flask_restful import Api, Resource,reqparse,inputs
3
4    app=Flask(_name_)
5    api=Api(app)
6    # 输入参数验证格式
7    parser=reqparse.RequestParser()
8    parser.add_argument('id',type=int,help='输入用户 id',
     required=True,location='form')
9    parser.add_argument('name',type=str,help='请输入用户名',
     location=['form'])
10   parser.add_argument('phone',type=inputs.regex(r'1[3578]\
     d{9}'),help='手机号码有误')
11   parser.add_argument('gender',type=str,choices=['male',
     'female','secret'],default='male')
12   parser.add_argument('home_page',type=inputs.url,help=
     '主页链接验证错误,',location='form')
13
14   class UserView(Resource):
15       def get(self):
16           return {"msg":"success"}
17       def post(selfs):
18           args=parser.parse_args()
19           id=args.get('id')
20           name=args.get('name')
21           phone=args.get('phone')
22           gender=args.get('gender')
23           home_page=args.get('home_page')
24           print(id,name,phone,gender,home_page)
25           return "post success "
26
27   api.add_resource(UserView,'/user',endpoint='user')
28
29   if_name_=='_main_':
30     app.run(debug=True)
```

采用 postman 工具软件测试时，特别要注意数据提交的方式，若手机号码输入有误，则显示出错信息，如图 7-6 所示。

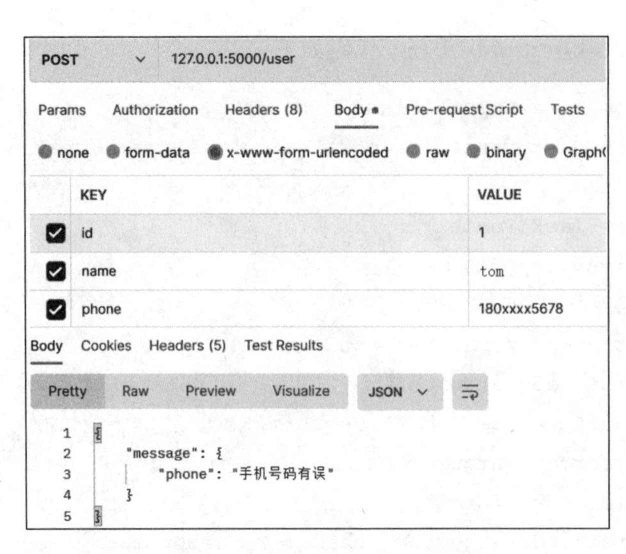

图 7-6　输入手机号码有误时的错误提示

若 location 参数默认，则表示用 JSON 格式输入，采用 form 格式输入，显示出错信息，如图 7-7 所示。

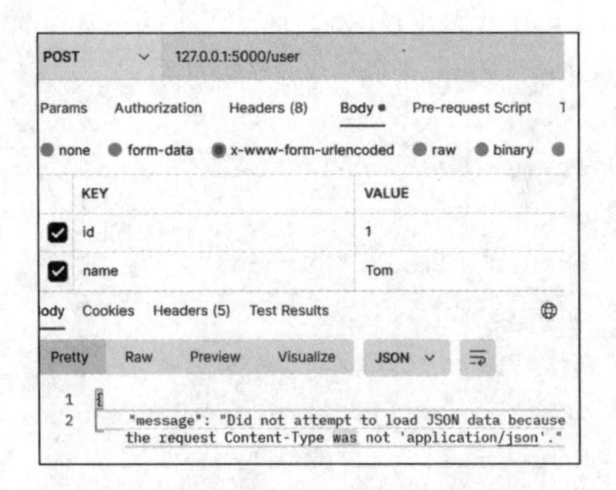

图 7-7　参数数据格式有误时的错误提示

JSON 格式输入方式如图 7-8 所示。

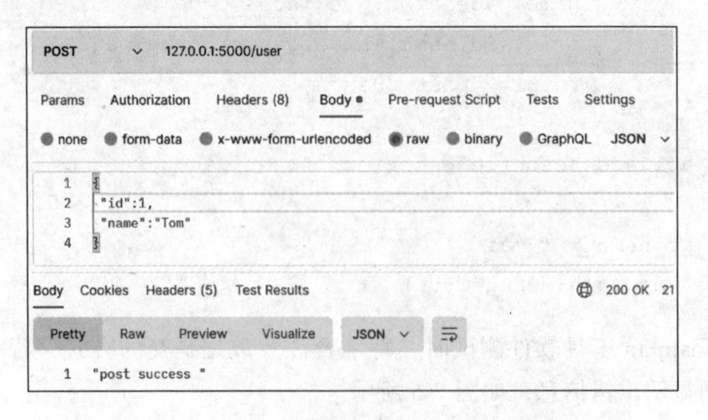

图 7-8　符合 JSON 数据格式时的正确提示

7.3.3　输出格式

Flask-RESTful 提供了一个简单的方式来控制类视图的响应数据格式。首先使用 fields 模块定义响应数据的格式，然后使用装饰器 marshal_with() 或 marshal() 对指定的数据进行过滤，最后数据表现形式为 JSON 格式。

示例程序 flask-restful-01/03.py 代码如下：

```
1    from flask import Flask
2       from flask_restful import Api,Resource,reqparse,
        inputs,fields,marshal_with
3       import random
4
5       app=Flask(_name_)
6       api=Api(app)
7       # 自定义字段
8       class funckNumber(fields.Raw):
9           def output(self,key,obj):
10                  return random.randint(1,10)
11      # 格式化 user 输出数据及 JSON 格式
12      user_fields={
13          'id':fields.Integer,
14          'name':fields.String,
15          'phone':fields.Integer,
16          'gender':fields.String(default='male'),   # 默认值
17          #absolute=True 生成绝对 Url,scheme='https' 覆盖默认协议
18          'home_page':fields.Url('/',absolute=True,scheme=
            'https'),
19          'fuck':funckNumber
20      }
21
22      class UserView(Resource):
23          @marshal_with(user_fields)
24          def get(self):
25            user={"id":1,"name":"tom","phone":18012345678}
26            return user
27
28          def post(selfs):
29              args=parser.parse_args()
30              id=args.get('id')
31              name=args.get('name')
32              phone=args.get('phone')
```

笔记栏

```
33              gender=args.get('gender')
34              home_page=args.get('home_page')
35              print(id, name, phone, gender,home_page)
36              return "post success "
37
38      api.add_resource(UserView, '/user',endpoint='user')
39
40      @app.route('/',endpoint="/")
41      def index():
42          return "Hello World"
43
44      if_name_=='_main_':
45        app.run(debug=True)
```

采用 postman 工具软件测试，其运行结果如图 7-9 所示。

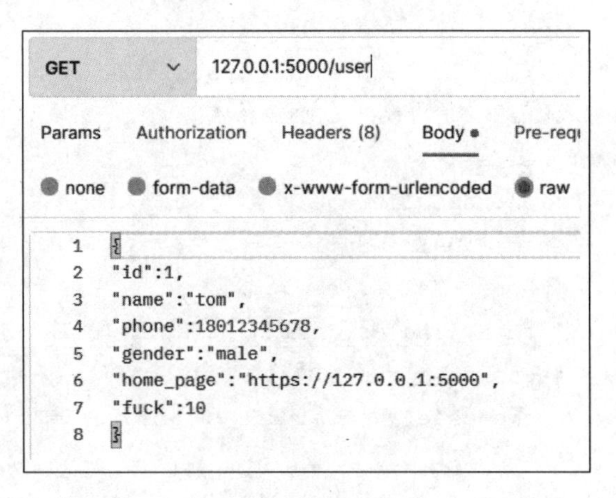

图 7-9　定义输出格式

7.4 案例——在线学习笔记

本案例采用前后端分离方式开发在线学习笔记。在线学习笔记的功能包括创建笔记、笔记列表及查看笔记全文。

7.4.1　项目目录组织结构及安装配置

在线学习笔记项目名为 Notebook，前端目录为 frontend，后端目录为 backend，项目文件组织结构如图 7-10 所示。

运行项目，首页（index.html）为读书笔记预览，如图 7-11 所示。

单击某条笔记的“查看全文”（detail.html），显示该条笔记的全部内容，显示效果如图 7-12 所示。

笔记栏

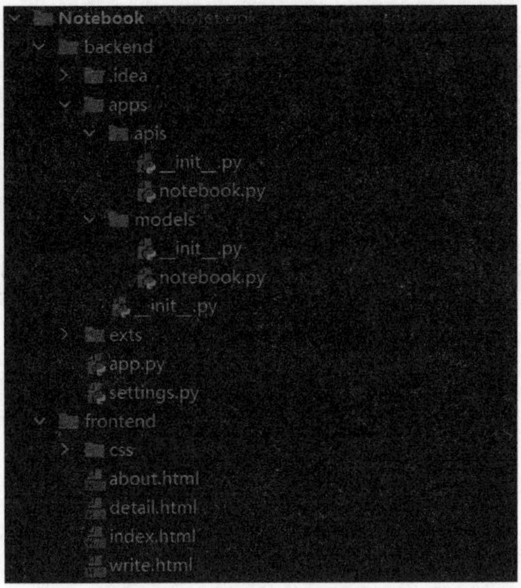

```
Notebook
  backend
    .idea
    apps
      apis
        __init__.py
        notebook.py
      models
        __init__.py
        notebook.py
      __init__.py
    exts
    app.py
    settings.py
  frontend
    css
    about.html
    detail.html
    index.html
    write.html
```

图 7-10　在线学习笔记项目文件组织结构

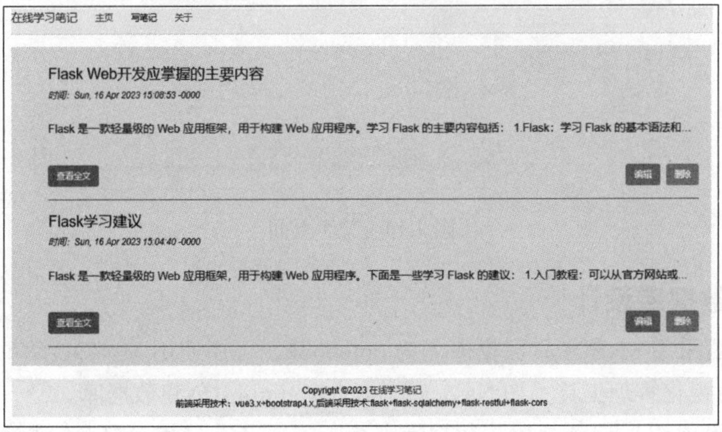

在线学习笔记　主页　写笔记　关于

Flask Web开发应掌握的主要内容

时间：Sun, 16 Apr 2023 15:08:53 -0000

Flask 是一款轻量级的 Web 应用框架，用于构建 Web 应用程序。学习 Flask 的主要内容包括： 1.Flask：学习 Flask 的基本语法和...

查看全文　编辑　删除

Flask学习建议

时间：Sun, 16 Apr 2023 15:04:40 -0000

Flask 是一款轻量级的 Web 应用框架，用于构建 Web 应用程序。下面是一些学习 Flask 的建议： 1.入门教程：可以从官方网站或...

查看全文　编辑　删除

Copyright ©2023 在线学习笔记

前端采用技术：vue3.x+bootstrap4.x,后端采用技术:flask+flask-sqlalchemy+flask-restful+flask-cors

图 7-11　项目首页

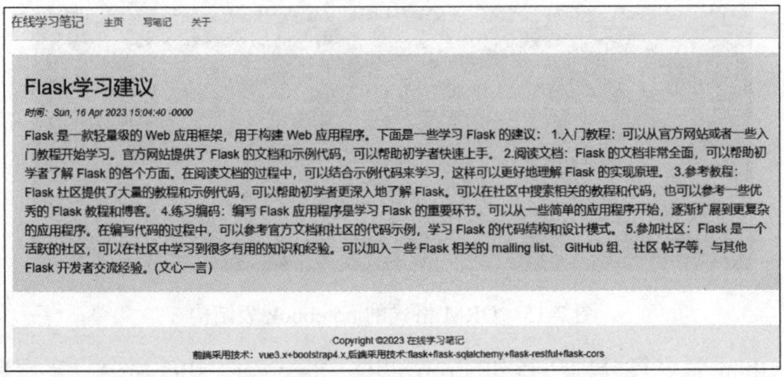

在线学习笔记　主页　写笔记　关于

Flask学习建议

时间：Sun, 16 Apr 2023 15:04:40 -0000

Flask 是一款轻量级的 Web 应用框架，用于构建 Web 应用程序。下面是一些学习 Flask 的建议： 1.入门教程：可以从官方网站或者一些入门教程开始学习。官方网站提供了 Flask 的文档和示例代码，可以帮助初学者快速上手。 2.阅读文档：Flask 的文档非常全面，可以帮助初学者了解 Flask 的各个方面。在阅读文档的过程中，可以结合示例代码来学习，这样可以更好地理解 Flask 的实现原理。 3.参考教程：Flask 社区提供了大量的教程和示例代码，可以帮助初学者更深入地了解 Flask。可以在社区中搜索相关的教程和代码，也可以参考一些优秀的 Flask 教程和博客。 4.练习编码：编写 Flask 应用程序是学习 Flask 的重要环节。可以从一些简单的应用程序开始，逐渐扩展到更复杂的应用程序。在编写代码的过程中，可以参考官方文档和社区的代码示例，学习 Flask 的代码结构和设计模式。 5.参加社区：Flask 是一个活跃的社区，可以在社区中学习到很多有用的知识和经验。可以加入一些 Flask 相关的 mailing list、 GitHub 组、 社区 帖子等，与其他 Flask 开发者交流经验。(文心一言)

Copyright ©2023 在线学习笔记

前端采用技术：vue3.x+bootstrap4.x,后端采用技术:flask+flask-sqlalchemy+flask-restful+flask-cors

图 7-12　笔记全文

笔记栏

单击“写笔记”（write.html），显示效果如图 7-13 所示。

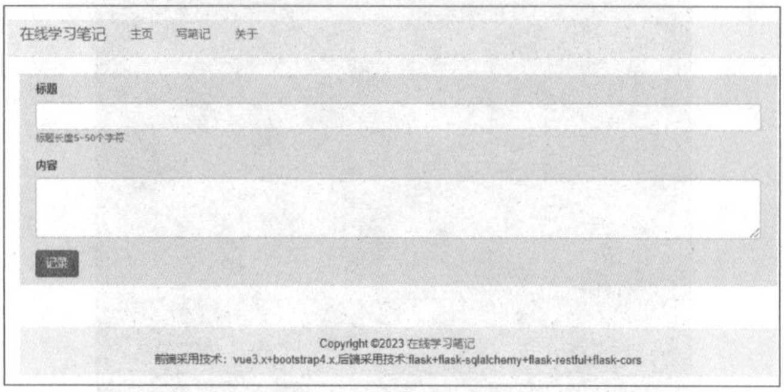

在线学习笔记 主页 写笔记 关于

标题

标题长度5~50个字符

内容

Copyright ©2023 在线学习笔记
前端采用技术：vue3.x+bootstrap4.x,后端采用技术:flask+flask-sqlalchemy+flask-restful+flask-cors

图 7-13　写笔记

关于页面（about.html）中描述项目的安装及运行方法，如图 7-14 所示。

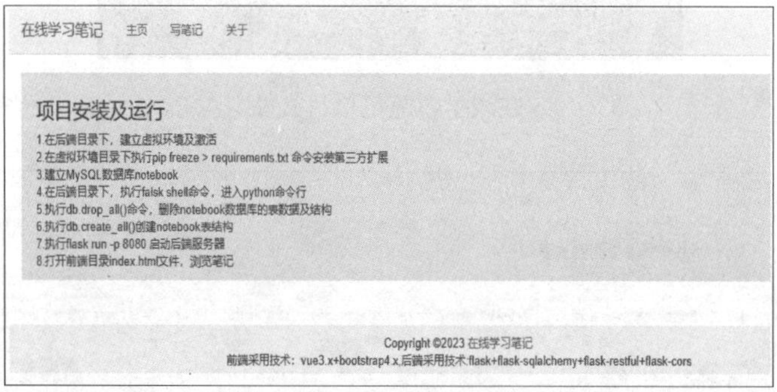

在线学习笔记 主页 写笔记 关于

项目安装及运行

1.在后端目录下，建立虚拟环境及激活
2.在虚拟环境目录下执行pip freeze > requirements.txt 命令安装第三方扩展
3.建立MySQL数据库notebook
4.在后端目录下，执行falsk shell命令，进入python命令行
5.执行db.drop_all()命令，删除notebook数据库的表数据及结构
6.执行db.create_all()创建notebook表结构
7.执行flask run -p 8080 启动后端服务器
8.打开前端目录index.html文件，浏览笔记

Copyright ©2023 在线学习笔记
前端采用技术：vue3.x+bootstrap4.x,后端采用技术:flask+flask-sqlalchemy+flask-restful+flask-cors

图 7-14　关于页面

7.4.2　数据库设计

本项目采用 MySQL，数据库名为 notebook，可用使用 MySQL 命令行方式或 MySQL 可视化管理工具（如 Navicat、phpMyadmin）创建数据库。

本项目中用来记录笔记的数据表名为 notebook，采用 ORM 方式建立，内容如图 7-15 所示。

```
1   from exts import db
2   from datetime import datetime
3   class Notebook(db.Model):
4       __tablename__='notebook'
5       id = db.Column(db.Integer, primary_key=True)
6       title=db.Column(db.String(50),nullable=False)
7       content=db.Column(db.Text,nullable=False)
8       create_datetime=db.Column(db.DateTime, default=datetime.now)
9       def __str__(self):
10          return self.title
```

图 7-15　ORM 格式的 notebook 表结构

在 Python 命令行分别运行 db.drop_all()、db.create_all() 命令，实现数据库中建立表结构。

笔记栏

7.4.3　在线笔记后端设计

（1）项目配置文件 settings.py 用于配置数据库连接项，代码如下：

```
class config:
    DEBUG=True
    SQLALCHEMY_DATABASE_URI="mysql://root:@127.0.0.1:3306/
    notebook"
    SQLALCHEMY_TRACK_MODIFICATIONS=True
```

（2）项目启动文件 app.py 通过 create_app() 建立 app 对象，通过 app.run() 启动项目，代码如下：

```
from apps  import  create_app

app=create_app()

if_name_=='_main_':
    app.run(debug=True,port=8080)
```

（3）项目结构 exts 包中 _init_.py 初始化文件中用来导入第三方扩展库及建立相应对象，建立该文件的目的是防止对象之间循环引用，代码如下：

```
From  flask_sqlalchemy  import  SQLAlchemy
From  flask_restful  import  Api
From  flask_cors  import  CORS

db=SQLAlchemy()
#创建Api对象
api=Api()
#创建跨域请求对象
cors=CORS()
```

（4）项目结构 apps 包的 _init_.py 初始化文件建立函数 create_app()，函数中建立 app 对象，导入配置文件、注册蓝图、初始化 db、api、cors 对象，代码如下：

```
from flask import Flask
from settings import config
from apps.apis.notebook import notebook, nb_bp
from apps.models.notebook import Notebook
from exts import db,api,cors


def create_app():
```

笔记栏

```
    app=Flask(_name_)
    app.config.from_object(config)
    app.register_blueprint(nb_bp)  #注册蓝图

    db.init_app(app)
    api.init_app(app)
    cors.init_app(app,supports_credentials=True)
    print(app.url_map)   #查看路由
    return app
```

（5）项目结构中 apps/api/notebook.py 文件创建蓝图、定义类视图、定义路由及定义输入、输出数据内容及格式。

定义蓝图，代码如下：

```
nb_bp=Blueprint('notebook',_name_)
```

定义数据输出格式，代码如下：

```
#格式化 notebook 输出数据及 JSON 格式
notebook_fields={
    'id':fields.Integer,
    'title':fields.String,
    'content':fields.String,
    'create_datetime':fields.DateTime
}
```

定义输入格式，代码如下：

```
#参数解析，定义 notebook 输入数据及格式
parser=reqparse.RequestParser()
parser.add_argument("title",type=str,required=True,help=
"输入标题")
parser.add_argument("content",type=str,required=True,help=
"输入内容")
```

定义获取全部笔记（get）及写笔记（post）类视图，代码如下：

```
#定义获取笔记及写笔记类视图
class notebooks(Resource):
    @marshal_with(notebook_fields)
    def get(self):
        notebooks=Notebook.query.order_by(-Notebook.id).
        all()    #id 降序排列
```

```
        data=notebooks
        return data
    def post(self):
        args=parser.parse_args()
        title=args.get('title')
        content=args.get('content')
        notebook=Notebook()
        notebook.title=title
        notebook.content=content
        notebook.create_datetime=datetime.now()
        db.session.add(notebook)
        db.session.commit()
        data={"status":200,"msg":'success'}
        return data
# 定义获取单条笔记的类视图
class notebook(Resource):
    @marshal_with(notebook_fields)
    def get(self,id):
        notebooks=Notebook.query.get(id)
        print(notebooks)
        data=notebooks
        return data
```

定义路由，定义获取全部笔记及单条笔记的路由，代码如下：

```
api.add_resource(notebooks,"/notebook")
api.add_resource(notebook,"/notebook/<int:id>")
```

在编写后端代码过程中，可以使用 postman 软件测试各功能。

7.4.4　在线笔记前端设计

（1）导航条设计。

导航条采用 bootstrap 响应式设计，大屏幕显示效果如图 7-16 所示，小屏幕显示效果如图 7-17 所示。

在线学习笔记　主页　写笔记　关于

图 7-16　大屏幕显示效果

在线学习笔记

图 7-17　小屏幕显示效果

笔记栏

代码如下：

```
<nav class="navbar navbar-default">
    <div class="container">
      <div class="navbar-header">
        <button type="button" class="navbar-toggle collapsed"
         data-toggle="collapse" data-target="#navbar"
          aria-expanded="false" aria-controls="navbar">
          <span class="sr-only">Toggle navigation</span>
          <span class="icon-bar"></span>
          <span class="icon-bar"></span>
          <span class="icon-bar"></span>
        </button>
        <a class="navbar-brand" href="index.html">
        在线学习笔记 </a>
      </div>
      <div id="navbar" class="collapse navbar-collapse">
        <ul class="nav navbar-nav">
          <li><a href="index.html"> 主页 </a></li>
          <li><a href="write.html"> 写笔记 </a></li>
          <li><a href="about.html"> 关于 </a></li>
        </ul>
      </div>
    </div>
  </nav>
```

（2）首页笔记内容的显示效果如图 7-18 所示。

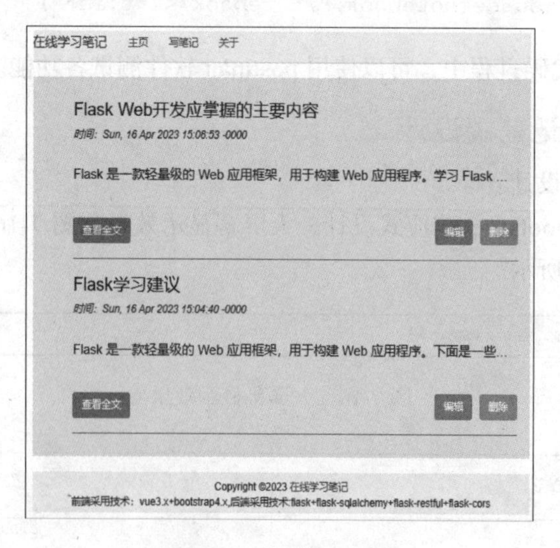

图 7-18　首页笔记列表

笔记栏

HTML 结构代码如下：

```
<div class="container">
  <div id="app" class="content">
    <ul v-for="notebook in notebooks">
      <li>
        <h3>[[notebook.title]]</h3>
      </li>
      <li><i>时间：[[notebook.create_datetime]]</i></li>
      <li style="height:50px;overflow:hidden;margin-bottom:20px">
        <p style="line-height:1.5;">[[notebook.content]]</p>
      </li>
      <button class="btn btn-success float-right" @click=
      "list([[notebook.id]])">查看全文</button>
      <hr class="underline">
    </ul>
  </div>
</div>
```

Vue 代码如下：

```
<script>
    var app=new Vue({
      el: "#app",
      data: {
        notebooks: [],
      },
      delimiters: ["[[", "]]"],    //改变插值符号，用 [[  ]] 代替 {{  }}
      mounted: function () {
        this.fetchData();
      },
      methods: {
        fetchData() {
          axios.get("http://127.0.0.1:8080/notebook").then(res=>{
            this.notebooks=res.data
          }, err=>{ console.log('Error') });
        },
        list(id) {
          localStorage.setItem('id',id)  //保存 id 到本地存储器
          location.href="detail.html"
        }
```

笔记栏

```
    }
  })
</script>
```

（3）单条笔记内容的显示效果如图 7-19 所示。

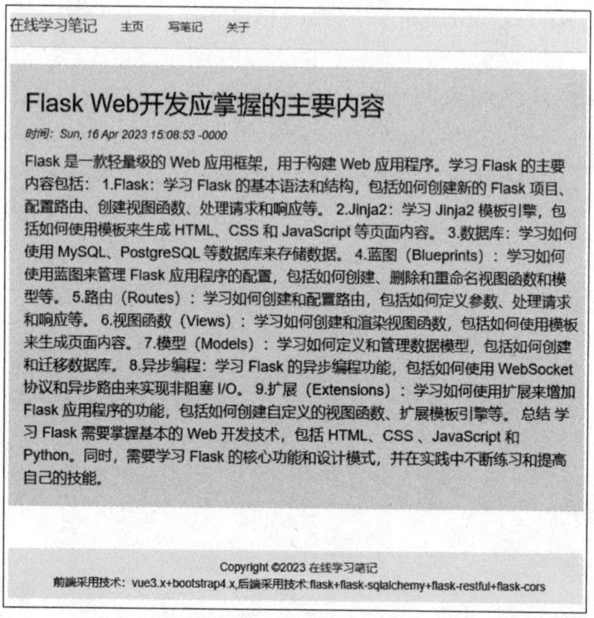

在线学习笔记 主页 写笔记 关于

Flask Web开发应掌握的主要内容

时间：Sun, 16 Apr 2023 15:08:53 -0000

Flask 是一款轻量级的 Web 应用框架，用于构建 Web 应用程序。学习 Flask 的主要内容包括： 1.Flask：学习 Flask 的基本语法和结构，包括如何创建新的 Flask 项目、配置路由、创建视图函数、处理请求和响应等。 2.Jinja2：学习 Jinja2 模板引擎，包括如何使用模板来生成 HTML、CSS 和 JavaScript 等页面内容。 3.数据库：学习如何使用 MySQL、PostgreSQL 等数据库来存储数据。 4.蓝图（Blueprints）：学习如何使用蓝图来管理 Flask 应用程序的配置，包括如何创建、删除和重命名视图函数和模型等。 5.路由（Routes）：学习如何创建和配置路由，包括如何定义参数、处理请求和响应等。 6.视图函数（Views）：学习如何创建和渲染视图函数，包括如何使用模板来生成页面内容。 7.模型（Models）：学习如何定义和管理数据模型，包括如何创建和迁移数据库。 8.异步编程：学习 Flask 的异步编程功能，包括如何使用 WebSocket 协议和异步路由来实现非阻塞 I/O。 9.扩展（Extensions）：学习如何使用扩展来增加 Flask 应用程序的功能，包括如何创建自定义的视图函数、扩展模板引擎等。 总结 学习 Flask 需要掌握基本的 Web 开发技术，包括 HTML、CSS 、JavaScript 和 Python。同时，需要学习 Flask 的核心功能和设计模式，并在实践中不断练习和提高自己的技能。

Copyright ©2023 在线学习笔记
前端采用技术：vue3.x+bootstrap4.x,后端采用技术:flask+flask-sqlalchemy+flask-restful+flask-cors

图 7-19 单条笔记全文

HTML 结构代码如下：

```
<div class="container">
    <div id="app" class="content">
      <li>
        <h2>[[notebook.title]]</h2>
      </li>
      <li><i> 时间：[[notebook.create_datetime]]</i></li>
      <li>
        <h4 style="line-height:1.5">[[notebook.content]]</h4>
      </li>
    </div>
  </div>
```

Vue 代码如下：

```
<script>
    var app=new Vue({
      el: "#app",
```

笔记栏

```
      data: {
        notebook: [],
      },
      delimiters: ["[[", "]]"],
      mounted: function() {
        this.fetchData();
      },
      methods: {
        fetchData() {
          id=localStorage.getItem('id')  //从本地存储器中获取 id
          axios.get("http://127.0.0.1:8080/notebook/"+id).
          then(res=>{
            this.notebook=res.data
          }, err=>{ console.log('Error') });
        }
      }
    })
  </script>
```

（4）页面底部效果如图 7-20 所示。

Copyright ©2023 在线学习笔记
前端采用技术：vue3.x+bootstrap4.x,后端采用技术:flask+flask-sqlalchemy+flask-restful+flask-cors

图 7-20　页面底部效果

HTML 结构代码如下：

```
  <footer class="page-footer font-small blue" style="margin-top: 50px">
    <div class="footer-copyright text-center py-3">
     Copyright ©2023 <a href="index.html">在线学习笔记</a><br>
     前端采用技术：vue3.x+bootstrap4.x,
     后端采用技术 :flask+flask-sqlalchemy+flask-restful+flask-cors
    </div>
  </footer>
```

小　　结

本章首先介绍前后端分离开发的特点；其次介绍RESTFUL的规则；再次介绍使用Flask-RESTful实现数据输入参数及输出格式的定义；最后介绍如何开发基于前后端分离的在线学习笔记案例。

笔记栏

思考与练习

一、选择题

1. RESTful 是一种（　　）。

A．具体的语言　　B．设计风格

C．传输数据的格式　　D．传输协议

2. 对于 REST 说法错误的是（　　）。

A．REST 是表述性状态转移

B．REST 不是一种为 WWW 服务的软件架构风格

C．REST 主要用于客户端和服务器交互类的软件

D．基于 REST 架构的服务称为 RESTful 服务

3. 下列关于 RESTful 的描述正确的是（　　）。

A．在服务器端，应用程序状态和功能可以分为各种资源，每个资源都可以有多个 URI 标识

B．REST 提供一组架构约束条件和原则，是一种软件架构设计风格。如果一个架构符合 REST 的约束条件和原则，它就是 RESTful 架构

C．客户端和服务器之间的交互是有状态的

D．使用标准的 HTTP 方法对资源进行操作

4. 下列不是 RESTful 标准方法的为（　　）。

A．Update　　B．Put

C．Delete　　D．Get

5. 下列是 RESTful 标准的 URI 为（　　）。

A．/updateUser/user/1　　B．/delete/user/1

C．/getUser/1　　D．/user/

6. 以下关于跨域说法错误的是？（　　）。

A．Cookie、LocalStorage 和 IndexedDB 都会受到同源策略的限制

B．postMessage、JSONP、WebSocket,CROS 都是常用的解决跨域的方案

C．跨域资源共享规范中规定了除了 GET 之外的 HTTP 请求，或者搭配某些 MINE 类型的 POST 请求，浏览器都需要先发一个 OPTIONS 请求

D．http://www.jd.com 和 https://www.jd.com 是相同的域名，属于同源

7. 解析输入参数类型时，下列不符合要求的是（　　）。

A．Int　　B．Str

C．inputs　　D．files

笔记栏

8．Flask-RESTful 序列化返回值类型为（　　）。

A．元组　　　　B．字典

C．列表　　　　D．自定义对象

9．下列不符合 Flask-RESTful 中定义输出字段类型的是（　　）。

A．fields.duple　　　　B．fields.url()

C．自定义类型　　　　D．fields.DateTime()

10．在 Vue 中，以下遍历并获取索引的正确方式是（　　）。

A．<tr v-for="(book,index) in books" :key="index">

B．<tr v-for=" book,index in books" :key="index">

C．<tr v-for="(index,book) in books" :key="index">

D．<tr v-for="(index:book) in books" :key="index">

二、实践题

1．完善在线学习笔记，实现删除及编辑功能，如图 7-21 所示。

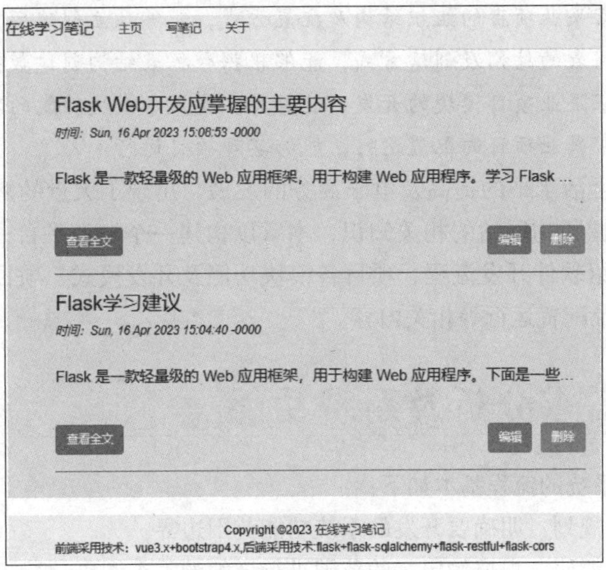

图 7-21　具有编辑及删除功能

2．设计并实现一个博客系统，功能描述如下：

（1）具有用户登录及注册功能。

（2）具有发表博客、评论及回复功能。

（3）未登录用户只能浏览博客内容，不能发表博客、评论及回复功能。

第8章 万家果业商城

笔记栏

学习目标

✓ 了解软件工程思想，能够表述软件开发的流程。

✓ 熟悉万家果业项目的各模块功能及开发模式，能够表述项目开发模式及各模板功能。

✓ 掌握万家果业项目的组织结构及配置方式，能够独立创建项目。

✓ 掌握数据表的结构及创建方式，能够根据数据表结构创建数据类。

✓ 掌握万家果业项目模块的开发，能够独立完成各模块功能的实现。

✓ 掌握万家果业项目的配置运行，能够实现项目运行。

随着人们生活水平的提高及电子商务的发展，出现了大量的购物网站。为了全面了解并掌握购物网站的相关知识，本章以构建一个电商平台——万家果业商城为基础，介绍软件开发流程、项目各模块功能及开发模式、项目的组织结构、项目模块开发及配置运行等相关内容。

8.1 需求分析及系统功能

开发一个系统的流程基本如下：

（1）确定规划：明确要开发的系统功能范围边界。

（2）需求调研：根据约定好的范围进行详细的需求调研。

（3）原型设计：根据调研的需求结果完成系统的原型设计。

（4）数据库设计：根据需求及原型设计完成数据库表结构设计。

（5）程序编码：程序员进入代码编写阶段，完成需求分析中的功能要求。

（6）系统测试：开发完成后进行功能和性能测试，直至测试通过。

（7）安装部署：安装部署在服务器上，发布上线使用。

本项目主要由两部分组成，分别为商城前台和商城后台，前台功能包括会员登录、会员注册、商品展示、搜索商品、查看购物车、清空购物车、填写订单、结账等；后台功能包括会员管理、商品信息管理、销量排行、订单管理等，如图8-1所示。

笔记栏

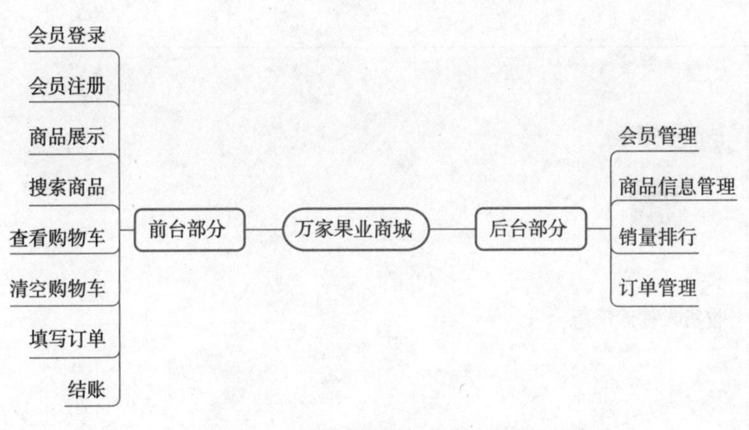

图 8-1　万家果业商城思维导图

8.2 系统预览

8.2.1　前台预览

用户通过浏览器首先进入的是商城首页，如图 8-2 所示。在商城首页可以浏览最新的上架商品、搜索商品、登录、注册、查看购物车及订单需登录。

图 8-2　万家果业商城首页部分页面

用户选中商品后，单击商品进入商品详情页，如图 8-3 所示。在商品详情页，用户选择商品数量并将商品加入购物车，如图 8-4 所示。用户购物完成后，可以查看订单，如图 8-5 所示。

图 8-3　商品详情页

笔记栏

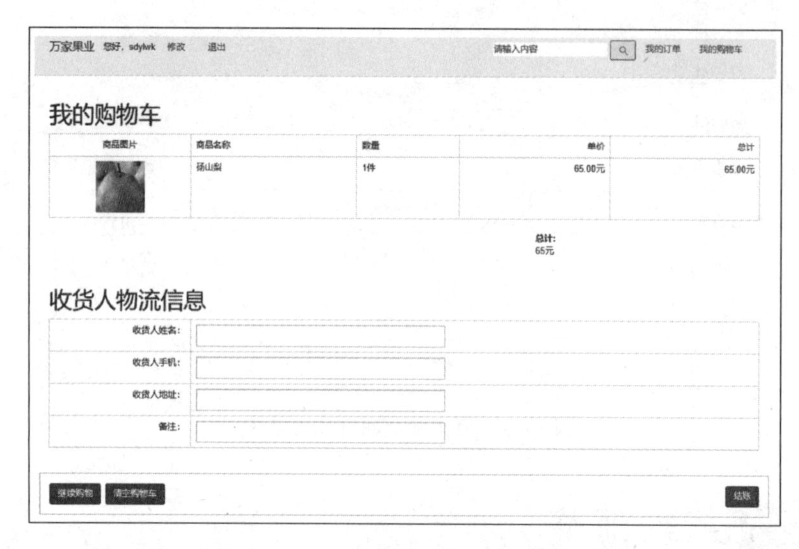

图 8-4　购物车页面

我的订单

订单号	产品名称	购买数量	单价	消费金额	收货人姓名	收货人手机	下单日期
29	砀山梨	1件	65.00元	65.00元	小张	18092585098	2023-01-29 10:03:09
29	粑粑柑粑粑柑	2件	50.00元	100.00元	小张	18092585098	2023-01-29 10:03:09

图 8-5　我的订单

8.2.2　后台预览

管理员登录后，可以管理商城后台系统，商品管理页面如图 8-6 所示。添加商品信息页如图 8-7 所示。查看销量排行信息如图 8-8 所示。查看会员信息如图 8-9 所示。订单管理信息如图 8-10 所示。

图 8-6　商品管理页面

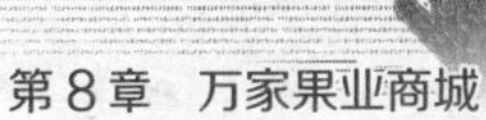

笔记栏

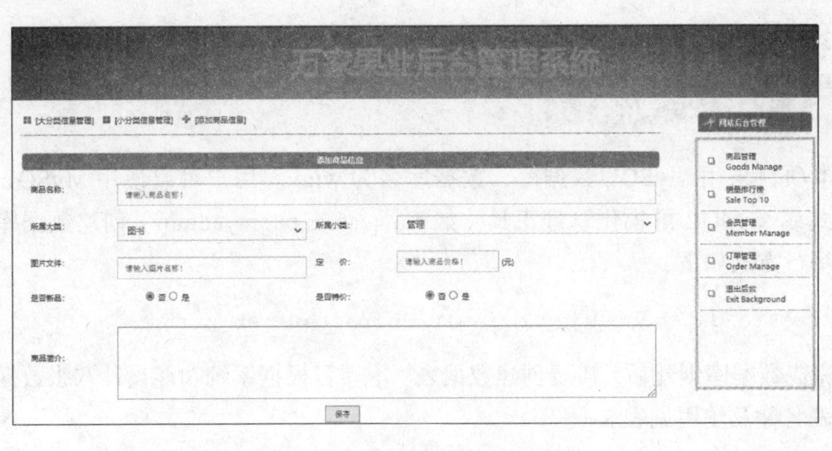

图 8-7　添加商品信息页面

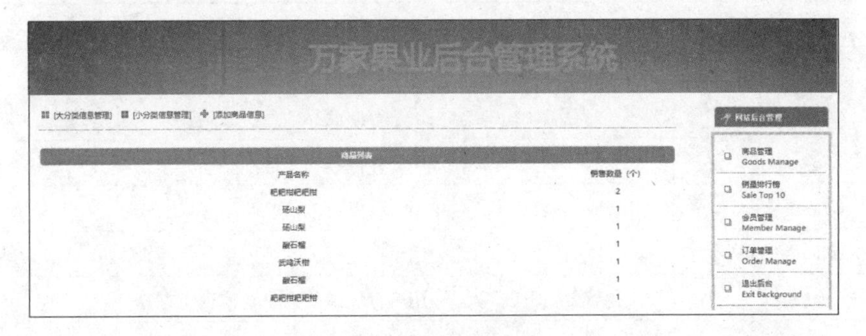

图 8-8　销量排行信息页面

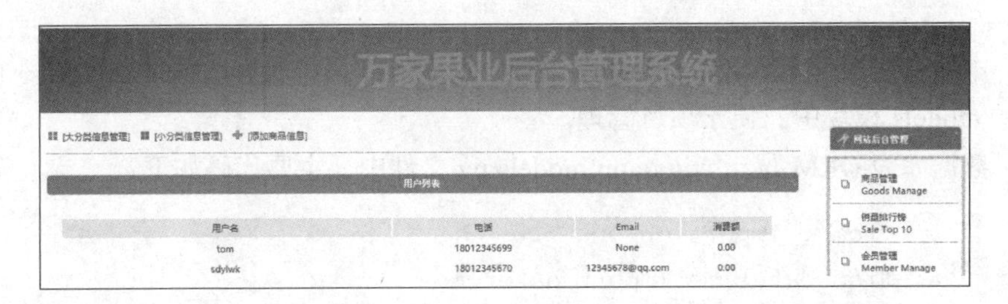

图 8-9　会员信息页面

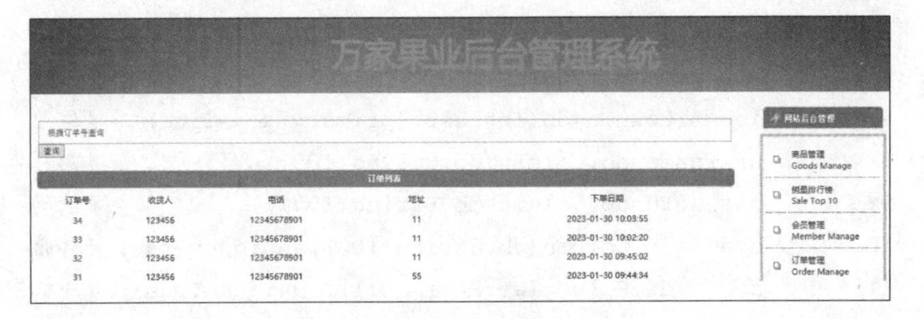

图 8-10　订单信息页面

8.3 数据库设计

本项目采用 MySQL 数据库，数据库名为 wjgy。用户可以使用 MySQL 命令行方式或 MySQL 可视化管理工具（如 Navicat 或 phpmyadmin）创建数据库。使用命令行方式如下：

```
create database wjgy default character set utf8;
```

完成数据库创建后，需要创建数据表。本项目根据系统功能设计八张数据表，数据表名称及作用见表 8-1。

表 8-1　数据库表结构

表　名	说　明	作　　用
user	用户表	用于存储用户信息
goods	商品表	用于存储商品信息
cart	购物车表	用于存储购物车信息
orders	订单表	用于存储订单信息
orders-detail	订单详情表	用于存储订单明细信息
supercat	商品大分类表	用于存储商品大分类信息
sbucat	商品小分类表	用于存储商品小分类信息
admin	管理员表	用于管理员信息

本项目采用 Flask-SQLAlchemy 进行数据库操作，将所有的模型放置至一个单独的 models 模块中，便于项目管理。

数据库表 ORM 位于 wjgy\app\models.py 文件中，主要代码如下：

```
1    from . import db
2    from datetime import datetime
3
4    #会员数据模型
5    class User(db.Model):
6        _tablename_="user"
7        id=db.Column(db.Integer, primary_key=True)    #编号
8        username=db.Column(db.String(100))            #用户名
9        password=db.Column(db.String(100))            #密码
10       email=db.Column(db.String(100), unique=True) #邮箱
11       phone=db.Column(db.String(11), unique=True)  #手机号
12       consumption=db.Column(db.DECIMAL(10,2),default=0)
         #消费额
```

笔记栏

```
13        addtime=db.Column(db.DateTime,index=True,default=
          datetime.now)  #注册时间
14        orders=db.relationship('Orders',backref='user')
          #订单外键关系关联
15
16        def _repr_(self):
17            return '<User %r>' % self.name
18
19        def check_password(self,password):
20            """
21            检测密码是否正确
22            :param password: 密码
23            :return: 返回布尔值
24            """
25            from werkzeug.security import check_password_hash
26            return check_password_hash(self.password,password)
27
28    #管理员数据模型
29    class Admin(db.Model):
30        _tablename_="admin"
31        id=db.Column(db.Integer,primary_key=True)  #编号
32        manager=db.Column(db.String(100),unique=True)
          #管理员账号
33        password=db.Column(db.String(100))  #管理员密码
34
35        def _repr_(self):
36            return "<Admin %r>" % self.manager
37
38        def check_password(self,password):
39            """
40            检测密码是否正确
41            :param password: 密码
42            :return: 返回布尔值
43            """
44            from werkzeug.security import check_password_hash
45            return check_password_hash(self.password,password)
46
47    #商品大分类数据模型
48    class SuperCat(db.Model):
```

笔记栏

```
49          _tablename_="supercat"
50          id=db.Column(db.Integer, primary_key=True)  #编号
51          cat_name=db.Column(db.String(100))  #大分类名称
52          addtime=db.Column(db.DateTime,index=True,default=
            datetime.now)  #添加时间
53          subcat=db.relationship("SubCat",backref='supercat')
            #外键关系关联
54          goods=db.relationship("Goods",backref='supercat')
            #外键关系关联
55
56          def _repr_(self):
57              return "<SuperCat %r>" % self.cat_name
58
59      #商品子分类数据模型
60      class SubCat(db.Model):
61          _tablename_="subcat"
62          id=db.Column(db.Integer,primary_key=True)  #编号
63          cat_name=db.Column(db.String(100))  #子分类名称
64          addtime=db.Column(db.DateTime,index=True,default=
            datetime.now)  #添加时间
65          super_cat_id=db.Column(db.Integer,db.ForeignKey
            ('supercat.id'))  #所属大分类
66          goods=db.relationship("Goods",backref='subcat')
            #外键关系关联
67
68          def _repr_(self):
69              return "<SubCat %r>" % self.cat_name
70
71
72      #商品数据模型
73      class Goods(db.Model):
74          _tablename_="goods"
75          id=db.Column(db.Integer,primary_key=True)  #编号
76          name=db.Column(db.String(255))  #名称
77          original_price=db.Column(db.DECIMAL(10,2))  #原价
78          current_price=db.Column(db.DECIMAL(10,2))  #现价
79          picture=db.Column(db.String(255))  #图片
80          introduction=db.Column(db.Text)  #商品简介
81          views_count=db.Column(db.Integer,default=0) #浏览次数
```

笔记栏

```
82        is_sale =db.Column(db.Boolean(),default=0) #是否特价
83        is_new=db.Column(db.Boolean(),default=0) #是否新品
84
85        #设置外键
86        supercat_id=db.Column(db.Integer,db.ForeignKey
          ('supercat.id'))  #所属大分类
87        subcat_id=db.Column(db.Integer,db.ForeignKey
          ('subcat.id'))  #所属小分类
88        addtime=db.Column(db.DateTime,index=True,default=
          datetime.now)  #添加时间
89        cart=db.relationship("Cart",backref='goods')
          #订单外键关系关联
90        orders_detail=db.relationship("OrdersDetail",
          backref='goods')  #订单外键关系关联
91
92        def _repr_(self):
93            return "<Goods %r>" % self.name
94
95    #购物车数据模型
96    class Cart(db.Model):
97        _tablename_='cart'
98        id=db.Column(db.Integer, primary_key=True)  #编号
99        goods_id=db.Column(db.Integer,db.ForeignKey
          ('goods.id'))  #所属商品
100       user_id=db.Column(db.Integer)  #所属用户
101       number=db.Column(db.Integer,default=0)  #购买数量
102       addtime=db.Column(db.DateTime,index=True, default=
          datetime.now)  #添加时间
103       def _repr_(self):
104           return "<Cart %r>" % self.id
105
106   #订单数据模型
107   class Orders(db.Model):
108       _tablename_='orders'
109       id=db.Column(db.Integer,primary_key=True)  #编号
110       user_id=db.Column(db.Integer,db.ForeignKey
          ('user.id'))  #所属用户
111       recevie_name=db.Column(db.String(255))  #收款人姓名
112       recevie_address=db.Column(db.String(255))
```

笔记栏

```
        # 收款人地址
113     recevie_tel=db.Column(db.String(255))  # 收款人电话
114     remark=db.Column(db.String(255))  # 备注信息
115     addtime=db.Column(db.DateTime,index=True,default=
        datetime.now)  # 添加时间
116     orders_detail=db.relationship("OrdersDetail",
        backref='orders')  # 外键关系关联
117     def __repr__(self):
118         return "<Orders %r>" % self.id
119
120 # 订单详情数据模型
121 class OrdersDetail(db.Model):
122     _tablename_='orders_detail'
123     id=db.Column(db.Integer, primary_key=True)  # 编号
124     goods_id=db.Column(db.Integer,db.ForeignKey
        ('goods.id'))  # 所属商品
125     order_id=db.Column(db.Integer,db.ForeignKey
        ('orders.id'))  # 所属订单
126     number=db.Column(db.Integer,default=0)  # 购买数量
```

在设计时，注意数据表之间的关系，实体关系如图 8-11 所示。

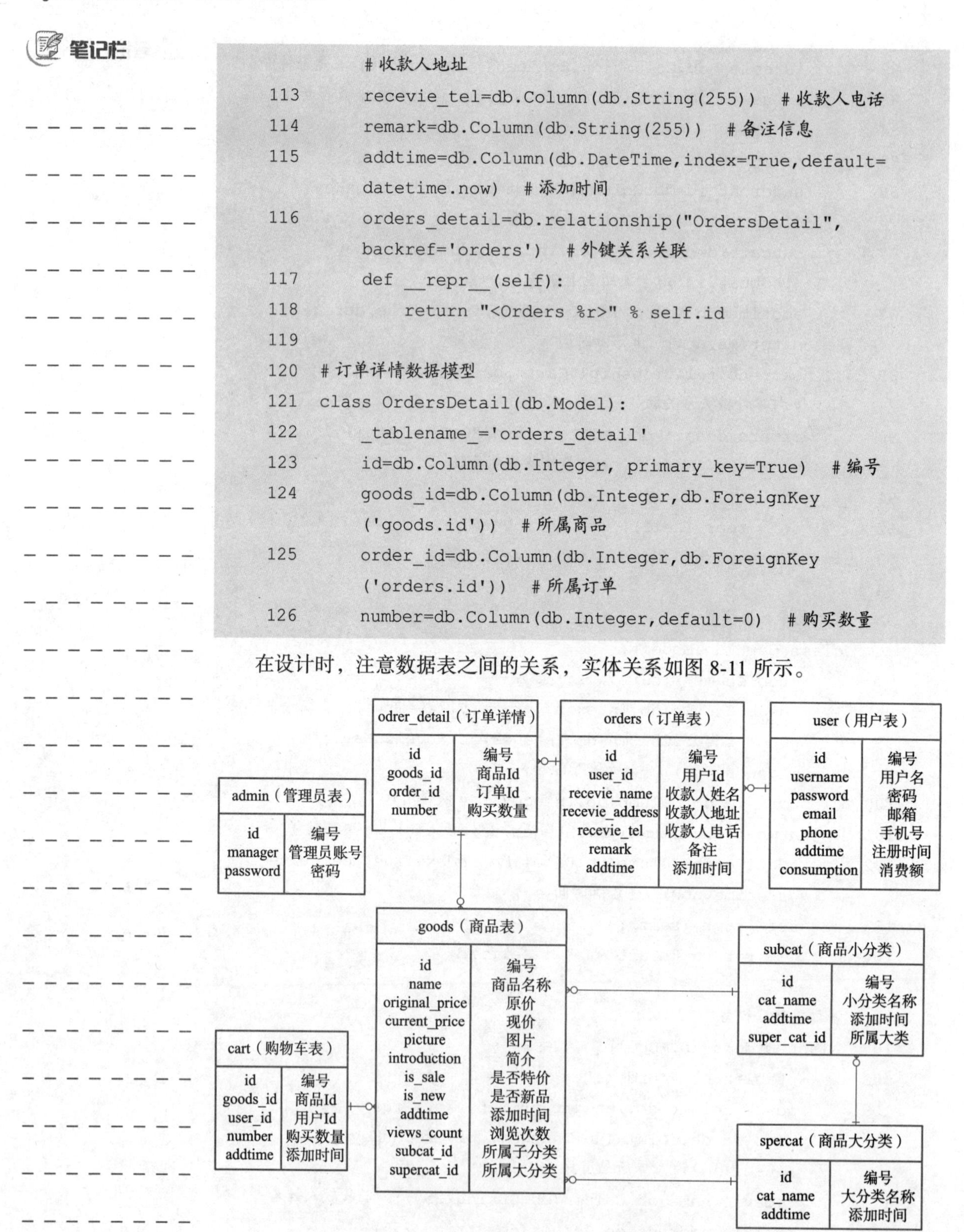

图 8-11　万家果业实体关系

8.4 项目目录组织结构及配置

8.4.1　项目目录结构

由于Flask框架的灵活性，根据项目功能，本项目采用包和模块的方式组织程序。项目目录结构如图8-12所示。

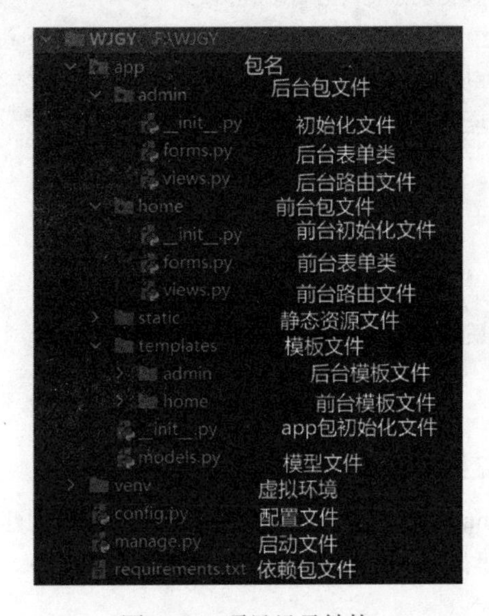

图8-12　项目目录结构

8.4.2　配置文件

在项目根目录下创建名为config.py的配置文件。在项目运行过程中，根据不同环境选择不同的配置，例如开发时，连接开发环境的数据库；上线后，则需要更换成线上服务器的数据库。为了满足不同的环境，在config.py文件中建立不同的类，分别实现具体的配置，代码如下：

```
1    # -*- coding=utf-8 -*-
2    import os
3    class Config:
4        SECRET_KEY='wjgy'
5        SQLALCHEMY_TRACK_MODIFICATIONS=True
6        @staticmethod
7        def init_app(app):
8            '''初始化配置文件'''
9            pass
10
```

笔记栏

```
11    #the config for development
12    class DevelopmentConfig(Config):
13        SQLALCHEMY_DATABASE_URI='mysql+pymysql:
          //root:@127.0.0.1:3306/wjgy'
14        DEBUG=True
15
16    #the config for Production
17    class ProductionConfig(Config):
18       SQLALCHEMY_DATABASE_URI='mysql+pymysql:
      //[生产环境服务器MySQL用户名]:[生产环境服务器MySQL密码]
      @[生产环境服务器MySQL域名]:[生产环境服务器MySQL端口号]/wjgy'
19
20    #define the config
21    config={
22        'default': DevelopmentConfig,
23        'product':ProductionConfig
24    }
```

8.4.3 项目入口文件

项目入口文件manage.py，该文件中实现app对象的创建、数据库表结构的同步及启动服务，其主要代码如下：

```
1     from app import create_app, db
2     from app.models import *
3     from flask_script import Manager,Shell
4     from flask_migrate import Migrate,MigrateCommand
5     from flask import render_template
6
7     app=create_app('default')
8     manager=Manager(app)
9     migrate=Migrate(app,db)
10
11    def make_shell_context():
12        return dict(app=app,db=db)
13
14    manager.add_command("shell",Shell
     (make_context=make_shell_context))
15    manager.add_command('db',MigrateCommand)
16
17    @app.errorhandler(404)
```

```
18   def page_not_found(error):
19       """ 404 """
20       return render_template("home/404.html"),404
21   if_name_=='_main_':
22      manager.run()
```

项目启动命令如下：

```
python manage.py runserver
```

8.4.4　app 包初始化文件

项目 app 包用来实现项目具体功能，初始化文件 _init_.py 用于创建 app 及注册蓝图，代码如下：

```
1    from  flask  import  Flask
2    from  flask_sqlalchemy  import  SQLAlchemy
3    from  config  import  config
4
5    db=SQLAlchemy()
6    def create_app(config_name):
7        app=Flask(_name_)
8        app.config.from_object(config[config_name])
9        config[config_name].init_app(app)
10       db.init_app(app)
11       #注册蓝图
12       from app.home  import home as home_blueprint
13       from app.admin import admin as admin_blueprint
14       app.register_blueprint(home_blueprint)
15       app.register_blueprint(admin_blueprint,url_prefix=
         "/admin")
16
17       return app
```

8.4.5　前台包文件

前台包初始化文件为 app\home_init_.py，用来建立前台蓝图对象，代码如下：

```
#_*_ coding:utf-8 _*_
from flask import Blueprint
home=Blueprint("home",_name_)
import app.home.views
```

前台包中 app\home\forms.py 文件中使用 FLask-WTF 来创建会员注册表单

笔记栏

功能。

前台包中 app\home\views.py 文件用来实现前台路由功能。

8.5 会员注册

本项目中只有会员登录后，才能实现购物及处理订单功能，因此首先需要实现会员注册，在会员注册页面，用户填写会员信息，程序对用户输入信息进行校验，如果出错，给出相应提示；输入信息合法，会把用户信息保存到数据库表 user 中，用户注册页面如图 8-13 所示。

图 8-13　用户注册页面

8.5.1　创建用户注册页面表单

在 app\home\forms.py 文件中，创建 RegisterForm 类继承 FlaskForm 类。在 RegisterForm 类中，定义注册页面表单中的每个字段类型、验证规则及字段的相关属性信息，代码如下：

```
1     #_*_ coding: utf-8 _*_
2     From  flask_wtf  import  FlaskForm
3     From  wtforms  import  StringField,PasswordField,
      SubmitField,TextAreaField
4     From  wtforms.validators  import  DataRequired,Email,
      Regexp,EqualTo,alidationError,Length
5     from app.models import User
6
7     class RegisterForm(FlaskForm):
8         """    用户注册表单    """
9         username=StringField(
10            label="账户 ：",
11            validators=[
```

笔记栏

```
12                DataRequired("用户名不能为空！ "),
13                Length(min=3,max=50,message=
                  "用户名长度必须在3到10位之间")
14            ],
15            description="用户名",
16            render_kw={
17                "type"        : "text",
18                "placeholder": "请输入用户名！ ",
19                "class":"validate-username",
20                "size" : 38,
21            }
22        )
23        phone=StringField(
24            label="联系电话 ：",
25            validators=[
26                DataRequired("手机号不能为空！ "),
27                Regexp("1[34578][0-9]{9}", message=
                  "手机号码格式不正确")
28            ],
29            description="手机号",
30            render_kw={
31                "type": "text",
32                "placeholder": "请输入联系电话！ ",
33                "size": 38,
34            }
35        )
36        email=StringField(
37              label="邮箱 ：",
38             validators=[
39                  DataRequired("邮箱不能为空！ "),
40                  Email("邮箱格式不正确！")
41              ],
42              description="邮箱",
43              render_kw={
44                  "type": "email",
45                  "placeholder": "请输入邮箱！ ",
46                  "size": 38,
47              }
48      )
```

笔记栏

```
49        password=PasswordField(
50            label=" 密码 : ",
51            validators=[
52                DataRequired(" 密码不能为空! ")
53            ],
54            description=" 密码 ",
55            render_kw={
56                "placeholder": " 请输入密码! ",
57                "size": 38,
58            }
59        )
60        repassword=PasswordField(
61            label=" 确认密码 : ",
62            validators=[
63                DataRequired(" 请输入确认密码! "),
64                EqualTo('password',message=" 两次密码不一致! ")
65            ],
66            description=" 确认密码 ",
67            render_kw={
68                "placeholder": " 请输入确认密码! ",
69                "size": 38,
70            }
71        )
72        submit=SubmitField(
73            ' 同意协议并注册 ',
74            render_kw={
75                "class": "btn btn-primary login",
76            }
77        )
78        # 自定义验证函数的格式为 " validate_+ 字段名 ",
            validate_phone 函数用来自定义验证手机号
79        def validate_phone(self, field):
80            """
81            检测手机号是否已经存在
82            :param field: 字段名
83            """
84            phone=field.data
85            user=User.query.filter_by(phone=phone).count()
86            if user==1:
```

笔记栏

```
87                raise ValidationError("手机号已经存在！")
88
89    def validate_email(self, field):
90            """
91            检测注册邮箱是否已经存在
92            :param field: 字段名
93            """
94            email=field.data
95            user=User.query.filter_by(email=email).count()
96            if user==1:
97                raise ValidationError("邮箱已经存在！")
```

8.5.2　显示注册页面

本项目中，注册页面模板文件位于 app\templates\home 目录下，注册页面模板文件为 register.html，需要在 app\home\views.py 文件中定义路由并渲染，代码如下：

```
@home.route("/register/",methods=["GET","POST"])
def register():
    """
    注册功能
    """
  …
    return render_template("home/register.html",form=form)
    #渲染模板
```

模板文件中，可以直接使用 form 变量来设置表单中的字段，其主要代码如下：

```
1    <form action="" method="post" class="form-horizontal">
2       <fieldset>
3           <div class="form-group">
4              <div class="col-sm-4 control-label">
5                {{form.username.label}}
6              </div>
7              <div class="col-sm-8">
8               <!-- 账户文本框 -->
9                 {{form.username}}
10                 {% for err in form.username.errors %}
11                   <span class="error">{{ err }}</span>
12                 {% endfor %}
13             </div>
14          </div>
```

笔记栏

```
15          <div class="form-group">
16             <div class="col-sm-4 control-label">
17                  {{form.password.label}}
18          </div>
19            <div class="col-sm-8">
20               <!-- 密码文本框 -->
21               {{form.password}}
22               {% for err in form.password.errors %}
23                 <span class="error">{{ err }}</span>
24                {% endfor %}
25            </div>
26         </div>
27    <div class="form-group">
28          <div class="col-sm-4 control-label">
29             {{form.repassword.label}}
30          </div>
31         <div class="col-sm-8">
32           <!-- 确认密码文本框 -->
33           {{form.repassword}}
34           {% for err in form.repassword.errors %}
35            <span class="error">{{ err }}</span>
36              {% endfor %}
37          </div>
37   </div>
39    <div class="form-group">
40       <div class="col-sm-4 control-label">
41         {{form.phone.label}}
42         </div>
43     <div class="col-sm-8" style="clear: none;">
44         <!-- 输入联系电话的文本框 -->
45         {{form.phone}}
46           {% for err in form.phone.errors %}
47            <span class="error">{{ err }}</span>
48            {% endfor %}
49         </div>
50    </div>
51    <div class="form-group">
52       <div class="col-sm-offset-4 col-sm-8">
53         {{ form.csrf_token }}
```

笔记栏

```
54          </div>
55      </div>
56      <div class="form-group" style="margin: 20px;">
57          <label
58              style="float: right; color: #858585; font-size:
                14px;">已有账号!
59             <a  href="{{url_for('home.login')}}">去登录</a>
60         </label>
61         </div>
62          </fieldset>
63      </form>
```

注意：表单中 {{ form.csrf_token }} 用来设置一个隐藏域字段，该字段用于防止 CSRF 攻击。

8.5.3 验证并保存注册信息

用户填写注册信息后，单击注册时，程序以post方式提交表单，在register()函数中，使用form.validate_on_submit()来验证表单信息，如果验证全部通过后，将用户输入的信息保存到数据库表user中并跳转到登录页面，如果验证失败，通过错误消息提示功能显示错误信息。代码如下：

```
1     @home.route("/register/", methods=["GET", "POST"])
2     def register():
3         """
4         注册功能
5         """
6         if "user_id" in session:
7             return redirect(url_for("home.index"))
8         form=RegisterForm()                    # 导入注册表单
9         if form.validate_on_submit():          # 提交注册表单
10            data=form.data                     # 接收表单数据
11            user=User(
12                username=data["username"],              # 用户名
13                #password=generate_password_hash(data
                   ["password"]),# 对密码加密
14                password=data["password"],
15                phone=data['phone']
16            )
17            db.session.add(user)       # 添加数据
18            db.session.commit()        # 提交数据
```

笔记栏

```
19            return redirect(url_for("home.login"))
                            #登录成功，跳转到首页
20        return render_template("home/register.html",
          form=form)      #渲染模板
```

图 8-14 显示两次密码不一致，图 8-15 显示手机号已经存在。

图 8-14　两次密码不一致

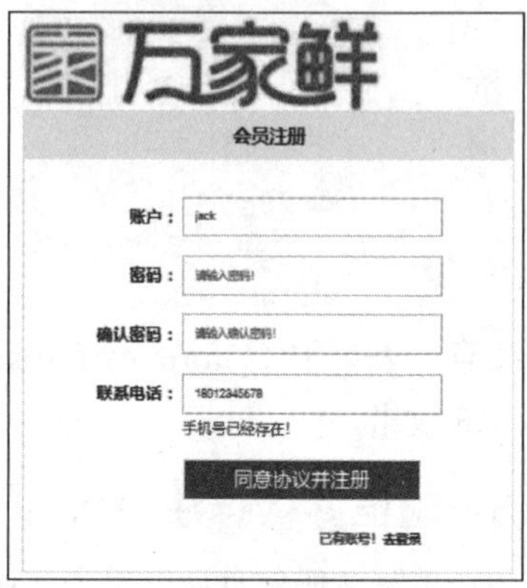

图 8-15　手机号已经存在

8.6　会员登录

会员只有登录后才能购物及处理订单，会员登录页面中需要用户输入用户名及密码和验证码，如图 8-16 所示。

图 8-16　会员登录页面

8.6.1　创建用户登录页面表单

在 app\home\forms.py 文件中，创建 LoginForm 类继承 FlaskForm 类。在 LoginForm 类中，定义登录页面表单中的每个字段类型、验证规则及字段的相关属性信息，代码如下：

```
1    class LoginForm( FlaskForm):
```

笔记栏

```
2          """
3          登录功能
4          """
5          username=StringField(
6              validators=[
7                  DataRequired("用户名不能为空！"),
8                  Length(min=3,max=50,message=
                   "用户名长度必须在3到10位之间")
9              ],
10             description="用户名",
11             render_kw={
12                 "type"       : "text",
13                 "placeholder": "请输入用户名！",
14                 "class":"validate-username",
15                 "size" : 38,
16                 "maxlength" : 99
17             }
18         )
19         password=PasswordField(
20             validators=[
21                 DataRequired("密码不能为空！"),
22                 Length(min=3,message="密码长度不少于6位")
23             ],
24             description="密码",
25             render_kw={
26                 "type"       : "password",
27                 "placeholder": "请输入密码！",
28                 "class":"validate-password",
29                 "size": 38,
30                 "maxlength": 99
31             }
32         )
33         verify_code=StringField(
34             'VerifyCode',
35             validators=[DataRequired()],
36             render_kw={
37                 "class":"validate-code",
38                 "size" : 18,
39                 "maxlength" : 4,
```

笔记栏

```
40            }
41        )
42
43        submit=SubmitField(
44            '登录',
45            render_kw={
46                "class": "btn btn-primary login",
47            }
48        )
```

8.6.2 显示注册页面

本项目中，登录页面模板文件位于 app\templates\home 目录下，注册页面模板文件为 login.html，需要在 app\home\views.py 文件中定义路由并渲染，代码如下：

```
@home.route("/login/", methods=["GET","POST"])
def login():
    """ 登录 """
  …
    return render_template("home/login.html",form=form)
    # 渲染登录页面模板
```

模板文件中，可以直接使用 form 变量来设置表单中的字段，其主要代码如下：

```
1    <form action="" method="post" class="form-horizontal">
2      <fieldset>
3        <div class="form-group">
4            <div class="col-sm-4 control-label">
5              <label id="username-lbl" for="username" class=
               "required">账户 : </label>
6            </div>
7            <div class="col-sm-8">
8                <!-- 账户文本框 -->
9                {{form.username}}
10               {% for err in form.username.errors %}
11                 <span class="error">{{ err }}</span>
12               {% endfor %}
13           </div>
14       </div>
15       <div class="form-group">
```

笔记栏

```
16            <div class="col-sm-4 control-label">
17                <label id="password" for="password" class=
                  "required">密码 : </label>
18            </div>
19            <div class="col-sm-8">
20                <!-- 密码文本框 -->
21                {{form.password}}
22            </div>
23        </div>
24    <div class="form-group">
25        <div class="col-sm-4 control-label">
26            <label id="password-lbl" for="password" class=
              "required">验证码 : </label>
27        </div>
28        <div class="col-sm-8" style="clear: none;">
29            <!-- 验证码文本框 -->
30            {{form.verify_code}}
31            <!-- 显示验证码 -->
32            <img class="img_checkcode" src="{{url_for
              ('home.get_code')}}"
33            onclick="this.src='{{url_for('home.get_code')
              }}'+'?'+ Math.random()">
34        </div>
35    </div>
36    <div class="form-group">
37        <div class="col-sm-offset-4 col-sm-8">
38            {{form.csrf_token}}
39            {{form.submit}}
40        </div>
41        </div>
42        <div class="form-group">
43          <label
44  style="float: right; color: #858585; margin-right: 40px;
    margin-top: 10px; font-size: 14px;">没有账户?
        <ahref="{{url_for('home.register')}}">立即注册</a>
45        </label>
46          </div>
47        </fieldset>
48    </form>
```

笔记栏

8.6.3 生成并获取验证码

登录页面中生成并获取验证码的功能在 app\home\views.py 文件中生成，其主要代码如下：

```
1    def rndColor():
2        '''随机颜色'''
3        return (random.randint(32,127), random.randint
        (32, 127), random.randint(32,127))
4
5    def gene_text():
6        '''生成4位验证码'''
7        return ''.join(random.sample
        (string.ascii_letters+string.digits,4))
8
9    def draw_lines(draw,num,width,height):
10       '''划线'''
11       for num in range(num):
12           x1=random.randint(0,width/2)
13           y1=random.randint(0,height/2)
14           x2=random.randint(0,width)
15           y2=random.randint(height/2,height)
16           draw.line(((x1,y1),(x2,y2)),
             fill='black',width=1)
17
18   def get_verify_code():
19       '''生成验证码图形'''
20       code=gene_text()
21       # 图片大小 120×50
22       width, height=120,50
23       # 新图片对象
24       im=Image.new('RGB',(width, height),'white')
25       # 字体
26       font=ImageFont.truetype('app/static/fonts/arial.
         ttf', 40)
27       #draw 对象
28       draw=ImageDraw.Draw(im)
29       # 绘制字符串
30       for item in range(4):
31           draw.text((5+random.randint(-3,3)+23*item,
             5+random.randint(-3,3)),
```

笔记栏

```
32                              text=code[item], fill=rndColor(),
                                font=font )
33        return im, code
34
35    @home.route('/code')
36    def get_code():
37        image, code=get_verify_code()
38        # 图片以二进制形式写入
39        buf=BytesIO()
40        image.save(buf, 'jpeg')
41        buf_str=buf.getvalue()
42        # 把 buf_str 作为 response 返回前端，并设置首部字段
43        response=make_response(buf_str)
44        response.headers['Content-Type']='image/gif'
45        # 将验证码字符串存储在 session 中
46        session['image']=code
47        return response
```

8.6.4 验证并保存会员登录状态

用户填写信息后，单击登录时，程序以 post 方式提交表单，在 login() 函数中，使用 form.validate_on_submit() 来验证表单信息，如果验证全部通过后，跳转到商城首页，如果验证失败，通过错误消息提示功能显示错误信息，图 8-17 显示验证码错误，代码如下：

```
1     @home.route("/login/", methods=["GET", "POST"])
2     def login():
3         """
4         登录
5         """
6         if "user_id" in session:  # 如果已经登录，则直接跳转到首页
7             return redirect(url_for("home.index"))
8         form=LoginForm()          # 实例化 LoginForm 类
9         if form.validate_on_submit():          # 如果提交
10            data=form.data                      # 接收表单数据
11            # 判断验证码
12            if session.get('image').lower()!=
              form.verify_code.data.lower():
13                flash('验证码错误',"err")
14                return render_template("home/login.html",
```

笔记栏

```
              form=form)    #返回登录页
15        #判断用户名是否存在
16        user=User.query.filter_by(username=
          data["username"]).first()#获取用户信息
17        if not user :
18            flash("用户名不存在！ ", "err")    #输出错误信息
19            return render_template("home/login.html",
              form=form)#返回登录页
20        #判断用户名和密码是否匹配
21        #if not user.check_password(data["password"]):
22        #调用 check_password() 方法，检测用户名密码是否匹配
23        if not data["password"]:
24            flash("密码错误！ ", "err")       #输出错误信息
25            return render_template("home/login.html",
              form=form)  #返回登录页
26
27        session["user_id"]=user.id
          #将user_id写入session，后面用户判断用户是否登录
28        session["username"]=user.username
29        #将user_name写入session，后面用户判断用户是否登录
30        return redirect(url_for("home.index"))
          #登录成功，跳转到首页
31
32    return render_template("home/login.html",form=form)
      #渲染登录页面模板
```

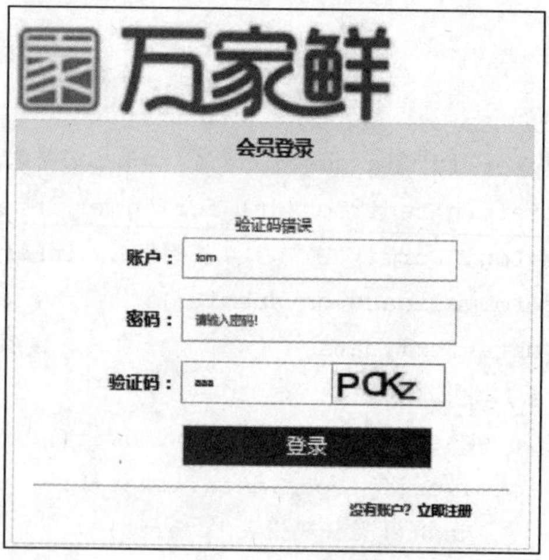

图 8-17　验证码错误

笔记栏

8.7 首页模块设计

用户访问万家果业商城时，首先进入前台首页。首页由三部分组成，顶部导航部分由 app\home\header.html 模板渲染，中间商品展示部分由 app\home\index.html 模板渲染，底部由 app\home\footer.html 模板渲染，app\home\common.html 模板包含这三个模板文件。

8.7.1 首页导航

header.html 模板代码如下：

```
1    <!DOCTYPE html>
2    <html>
3    <head>
4      <meta charset="utf-8">
5      <title>万家果业</title>
6      <link href="https://maxcdn.bootstrapcdn.com/bootstrap/
        3.3.7/css/bootstrap.min.css">
7      <script src="https://cdn.jsdelivr.cn/npm/jquery@1.12.4/
        dist/jquery.min.js"></script>
8      <script src="https://stackpath.bootstrapcdn.com/
        bootstrap/3.4.1/js/bootstrap.min.js"></script>
9    </head>
10   <body>
11   <nav class="navbar navbar-default">
12       <div class="container">
13           <div class="navbar-header">
14               <button type="button" class="navbar-toggle
                 collapsed" data-toggle="collapse"
                 data-target="#navbar"
15                      aria-expanded="false" aria-controls=
                        "navbar">
16                   <span class="sr-only">Toggle navigation
                     </span>
17                   <span class="icon-bar"></span>
18                   <span class="icon-bar"></span>
19                   <span class="icon-bar"></span>
20               </button>
```

笔记栏

```
21              <a class="navbar-brand" href="{{ url_for('home.
                 index') }}">万家果业</a>
22          </div>
23          <div id="navbar" class="collapse navbar-collapse">
24              <ul class="nav navbar-nav">
25
26                  {% if "user_id" in session %}
27                  <li>您好，{{session['username']}}
28                    <a href="{{url_for('home.modify_
                      password')}}" >修改</a>
29                  </li>
30                  <li><a href="{{url_for('home.logout')
                    }}">退出</a></li>
31                  {% else %}
32
33                  <li><a href="{{url_for('home.login')}}
                  ">登录</a> </li>
34                  <li><a href="{{url_for('home.register')
                    }}">注册</a></li>
35                  {% endif %}
36
37              </ul>
38              <ul class="nav navbar-nav " style=
                 "float:right">
39                  <!-- 搜索条 -->
40                  <li>
41                      <form method="get" action="{{url_for
                        ('home.goods_search')}}">
42                          <input type="text" name=
                            "keywords" size="20"
43                              style="border: 0px;margin-top:
                                15px" placeholder="请输入内容"/>
44                          <button type="submit" class=
                            "search_box_img" onFocus="this.
                             blur()">
45                              <img src="{{url_for('static',
                                 filename='home/images/search.
                                 png')}}"  style="height:
                                 25px;line-height:25px"   >
```

笔记栏

```
46                          </button>
47                      </form>
48                  </li>
49                  <!-- // 搜索条 -->
50                  <li><a href="{{url_for('home.order_
                    list')}}">我的订单 </a> </li>
51                  <li><a href="{{url_for('home.shopping_
                    cart')}}">我的购物车 </a></li>
52              </ul>
53          </div>
54      </div>
55  </nav>
```

运行结果如图 8-18 所示。

图 8-18　商城首页导航部分

8.7.2　商品展示

首页中显示最新 12 个商品信息，采用响应式显示，不同屏幕大小，每行显示商品数目不同，其模板 index.html 代码如下：

```
1   {% extends "home/common.html" %}
2   {% block content %}
3   <!-- 最新上架商品展示 -->
4   <div class="container  ">
5     <div style="width: 100%;">
6       <div id="myTab" class="container">
7         <h3 class="index_h3">
8           <span class="index_title">最新上架 </span>
9         </h3>
10        <!-- // 最新上架选项卡 -->
11        <div class="col-6 active" style=" width: 100%; ">
12         <div class="row">
13          <!-- 循环显示最新上架商品 : 添加 12 条商品信息 -->
14            {% for item in new_goods %}
15            <div class="col-md-3 col-sm-6">
16              <div style="border:1px solid #ccc;>
17                <div class="image " style="margin-
                    bottom:10px">
```

笔记栏

```
18                    <a href="/goods_detail/{{item.
                       id}}?type={{item.supercat_id}}">
19                     <img src="{{url_for('static',filename=
                        'images/goods/'+item.picture)}}"
20                                          width="250px">
21                  </a>
22               </div>
23              <div class="card-body">
24                 <div class="name" style="height: 40px">
25                   <a href="/goods_detail/{{item.id}}?
                      type={{item.supercat_id}}">
26                                         {{item.name}}
27                   </a>
28                 </div>
29                    <p class="price">
30                      <span style="color:#f00">价格：{{item.
                         current_price}}元</span>
31                      <button class="btn  btn-warning" type=
                         "button" onclick='javascript:window.
                          location.href="/cart_add/?goods_id=
                          {{item.id}}&number=1"; ' >
32                      <i>加入到购物车</i>
33               </button>
34             </p>
35            </div>
36         </div>
37    </div>
38     {% endfor %}
39                         <!-- //循环显示最新上架商品:
                            添加12条商品信息 -->
40      </div>
41     </div>
42    </div>
43   </div>
44   </div>
45   {% endblock %}
```

其运行结果如图 8-19 所示。

笔记栏

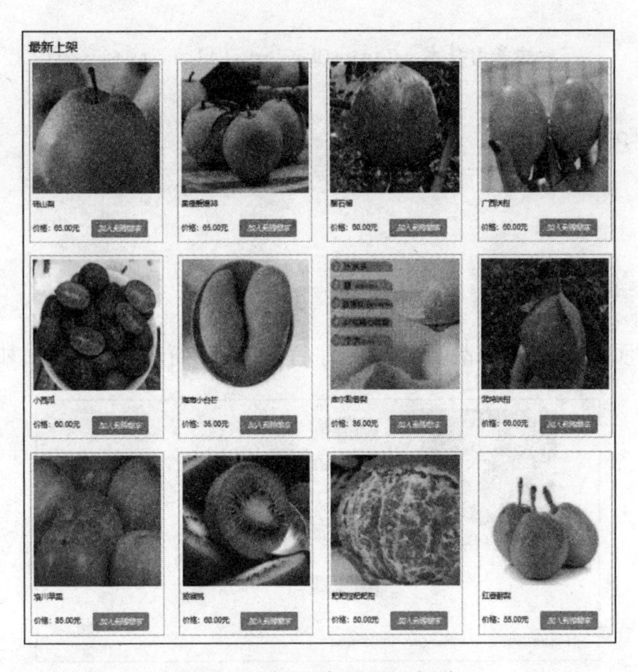

图 8-19　首页商品展示部分

index.html 模板中的商品信息来自 app\home\views.py 文件中的 @home.route（“/”）路由，其代码如下：

```
@home.route("/")
Def  index():
    """   首页    """
    # 获取 12 个新品
    new_goods=Goods.query.filter_by(is_new=1).order_by(
                    Goods.addtime.desc()
                        ).limit(12).all()
    return render_template('home/index.html',
    new_goods=new_goods) # 渲染模板
```

8.7.3　底部模板

底部模板 footer.html 内容相对简单，其代码如下：

```
<div style="margin-top:30px; background:#eee">
    <footer class="page-footer font-small blue" style=
    "padding: 20px 0; ">
        <div class="footer-copyright text-center py-3">
            Copyright ©2023 <a href="{{ url_for('home.index')
            }}">返回首页 </a><br>
            前端采用技术：bootstrap3.x+Jinja2,
```

笔记栏

```
            后端采用技术 :flask+flask-sqlalchemy+mysql
        </div>
    </footer>
</div>
```

8.8 商品详情

用户在首页面中单击商品图片或名称后，进入该商品详情页面，如图8-20所示。

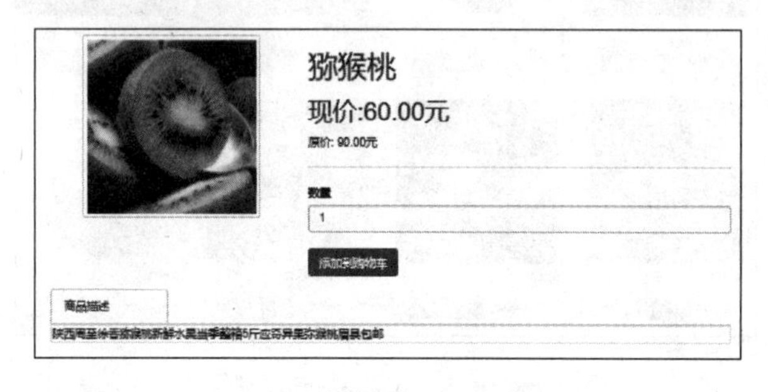

图 8-20　商品详情页面

8.8.1 商品详情模板文件

商品详情模板文件为 app\home\goods_detail.html，其主要代码如下：

```
1     {% extends "home/common.html" %}
2     {% block content %}
3       <div id="mr-mainbody" class="container mr-mainbody">
4         <div class="row">
5         <!-- 页面主体内容 -->
6         <div id="mr-content" class=
           " col-xs-12 col-sm-12 col-md-9 ">
7             <div id="mrshop" class=" common-home">
8             <div class="container_oc">
9             <div class="row">
10                <div id="content_oc" class=
                   "col-sm-12 view-product">
11                <!-- 根据商品 ID 获取并显示商品信息 -->
12                <!-- 显示商品详细信息 -->
13                <div class="row">
14                <div class="col-xs-12 col-md-4 col-sm-4">
15                <ul class="thumbnails" style=
                   "list-style: none">
16                    <li><a class="thumbnail" href="#">
```

笔记栏

```
17                     <img
18                      src="{{url_for('static',filename=
                        'images/goods/'+goods.picture)}}">
                        </a>
19                     </li>
20                   /ul>
21           </div>
22           <div class="col-xs-12 col-md-8 col-sm-8">
23           <div style="margin-left: 30px; margin-top: 20px">
24           <h1 class="product-title">{{goods.name}}</h1>
25               <ul class="list-unstyled price">
26                 <li><h2>现价：{{goods.current_price}}元
                   </h2></li>
27               </ul>
28               <ul class="list-unstyled price">
29               <li>原价： {{goods.original_price}}元</li>
30             </ul>
31         <div id="product"><hr>
32           <div class="form-group">
33               <label class="control-label" for="shuliang">
                  数量</label>
34               <input type="number" name="quantity"
                  value="1"  size="2"
35                   id="shuliang" class="form-control"> <br>
36               <div class="btn-group">
37                    <button type="button" onclick=
                     "addCart()"
38                      class="btn btn-primary btn-primary">
39                 <i class="fa fa-shopping-cart"></i>
                    添加到购物车</button>
40           </div>
41          </div>
42         </div>
43       </div>
44   </div>
45       <div class="col-sm-12 description_oc clearfix">
46           <ul class="nav nav-tabs htabs">
47              <li class="active" style="width: 150px">
48                 <a href="#tab-description" data-toggle=
                    "tab" >商品描述</a></li>
49          </ul>
```

笔记栏

```
50    <div class="tab-content" style="border: 1px solid #eee;
       overflow: hidden;">
51        <div class="tab-pane active" id="tab-description">
52                {{goods.introduction}}
53        </div>
54    </div>
55    </div>
56    </div>
57    <!-- //根据商品 ID 获取并显示商品信息 -->
58    </div>
59    </div>
60    </div>
61    </div>
62    </div>
63    <!-- //页面主体内容 -->
64
65    </div>
66    <script src="{{url_for('static',filename='home/js/
       jquery.1.3.2.js')}}" ></script>
67    <script type="text/javascript">
68    function addCart() {
69        var user_id={{ user_id }}; // 获取当前用户的 id
70        var goods_id={{ goods.id }}
71        if(!user_id){
72            window.location.href="/login/";
              // 如果没有登录，则跳转到登录页
73            return ;
74        }
75        var number=$('#shuliang').val();// 获取输入的商品数量
76        // 验证输入的数量是否合法
77        if(number<1) {// 如果输入的数量不合法
78            alert(' 数量不能小于 1！ ');
79            return;
80        }
81        window.location.href='/cart_add?goods_id=
          '+goods_id+"&number="+number
82    }
83    </script>
84    {% endblock %}
```

8.8.2　商品详情路由文件

goods_detail.html 模板中的商品信息来自 app\home\views.py 文件中的 @home.route("/goods_detail/<int:id>/") 路由，其代码如下：

```
@home.route("/goods_detail/<int:id>/")
def goods_detail(id=None): # id为商品ID
    """
    详情页
    """
    user_id=session.get('user_id',0)
    #获取用户ID，判断用户是否登录
    goods=Goods.query.get_or_404(id)
    #根据商品ID获取数据，如果不存在则返回404
    # 浏览量加1
    goods.views_count+=1
    db.session.add(goods) #添加数据
    db.session.commit()   #提交数据
    return render_template('home/goods_detail.html',goods=
    goods,user_id=user_id)   #渲染模板
```

8.9　购物车

本项目中，把选中商品添加到购物车有两处：其一在商城首页，单击“添加到购物车”实现添加商品数量为 1；其二在商品详情页面，指定商品数量。

8.9.1　添加商品到购物车

添加商品到购物车的路由来自 app\home\views.py 文件中的 @home.route("/cart_add/")，代码如下：

```
@home.route("/cart_add/")
@user_login
def cart_add():
    """
    添加购物车
    """
    cart=Cart(
        goods_id=request.args.get('goods_id'),
        number=request.args.get('number'),
        user_id=session.get('user_id', 0)
        #获取用户ID，判断用户是否登录
```

笔记栏

```
    )
    db.session.add(cart) #添加数据
    db.session.commit()  #提交数据
    return redirect(url_for('home.shopping_cart'))
```

项目中添加商品到购物车、查看订单均需登录，是通过 @user_login 装饰器实现，其主要代码如下：

```
def user_login(f):
    """
    登录装饰器
    """
    @wraps(f)
    def decorated_function(*args,**kwargs):
        if "user_id" not in session:
            return redirect(url_for("home.login"))
        return f(*args, **kwargs)
    return decorated_function
```

8.9.2 显示购物车

显示购物车的路由来自 app\home\views.py 文件中的 @home.route("/shopping_cart/")，其代码如下：

```
@home.route("/shopping_cart/")
@user_login
def shopping_cart():
    user_id=session.get('user_id',0)
    cart=Cart.query.filter_by(user_id=int(user_id)).
    order_by(Cart.addtime.desc()).all()
    if cart:
        return render_template('home/shopping_cart.html',
        cart=cart)
    else:
        return render_template('home/empty_cart.html')
```

8.9.3 购物车模板

购物车模板文件由三部分组成：顶部显示已购物商品，中间部分输入物流信息，底部显示继续购物、清空购物车及结账按钮，如图 8-21~ 图 8-23 所示，其主要代码如下：

笔记栏

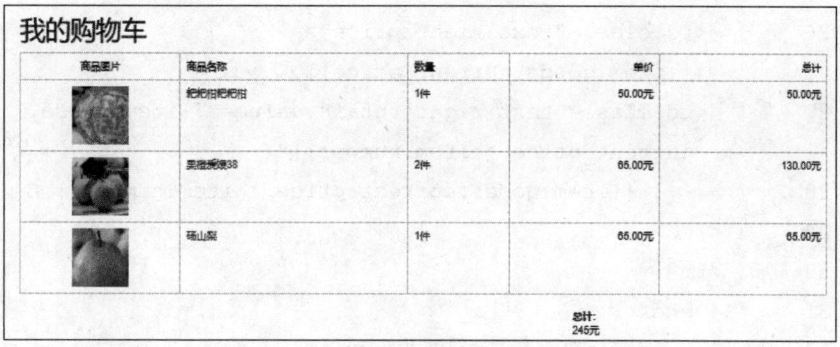

我的购物车

商品图片	商品名称	数量	单价	总计
	粑粑柑粑粑柑	1件	50.00元	50.00元
	果橙[illegible]38	2件	65.00元	130.00元
	砀山梨	1件	65.00元	65.00元

总计:
245元

图 8-21　购物车顶部显示已购物商品

```
1     <table class="table table-bordered">
2         <thead>
3          <tr>
4              <td class="text-center image">商品图片</td>
5              <td class="text-left name">商品名称</td>
6              <td class="text-left quantity">数量</td>
7              <td class="text-right price">单价</td>
8              <td class="text-right">总计</td>
9         </tr>
10       </thead>
11        <tbody>
12         <!-- 遍历购物车中的商品并显示 -->
13          {% for item in cart %}
14            <tr>
15             <td class="text-center image" width="20%">
16              <a href="{{url_for('home.goods_detail',
               id=item.goods.id)}}">
17              <img src="{{url_for('static',filename=
               'images/goods/'+item.goods.picture)}}">
18               </a>
19            </td>
20            <td class="text-left name">
21              <a href="{{url_for('home.goods_detail',
               id=item.goods.id)}}">
22              {{item.goods.name}}
23              </a>
24          </td>
25        <td class="text-left quantity">{{item.number}}件</td>
```

笔记栏

```
26        <td class="text-right price">
           {{item.goods.current_price}} 元 </td>
27        <td class="text-right total" value="{{item.goods.
           current_price * item.number}}">
28            {{item.goods.current_price * item.number}} 元
29       </td>
30      </tr>
31      {% endfor %}
32      <!-- // 遍历购物车中的商品并显示 -->
33     </tbody>
34    </table>
35    <!-- 显示总计金额  -->
36    <div class="row cart-total">
37     <div class="col-sm-4 col-sm-offset-8">
38      <table class="table table-bordered">
39       <tbody>
40          <tr >
41           <span> <strong>总计 :</strong> <p id="total_price">
             </p> </span>
42           </tr>
43       </tbody>
44    </table>
45     </div>
46   </div>
47    <!-- // 显示总计金额  -->
```

物流信息

收货人姓名:	
收货人手机:	
收货人地址:	
备注:	

图 8-22　购物车中间部分

其主要代码如下：

```
1     <div class="row">
2       <div id="content_oc" class="col-sm-12">
3          <h1> 物流信息 </h1>
4          <form action="{{url_for('home.cart_order')}}"
            method="post" id="myform">
```

笔记栏

```
5          <table class="table table-bordered">
6            <tbody>
7             <tr>
8             <td class="text-right" width="20%">收货人姓名：</td>
9              <td class="text-left quantity">
10              <div class="input-group btn-block" style=
                "max-width: 400px;">
11                <input type="text"  id="recevie_name"
                   size="10" >
12              </div>
13            </td>
14            </tr>
15            <tr>
16               <td class="text-right">收货人手机：</td>
17                 <td class="text-left quantity">
18                 <div class="input-group btn-block" style=
                     "max-width: 400px;">
19                   <input type="text"   id="recevie_tel"
                     size="10"  >
20                 </div>
21               </td>
22             </tr>
23             <tr>
24              <td class="text-right">收货人地址：</td>
25                <td class="text-left quantity">
26                  <div class="input-group btn-block" style=
                     "max-width: 400px;">
27                   <input type="text" id="address" id=
                      "recevie_address" size="1" >
28                  </div>
29             </td>
30             </tr>
31      <tr>
32         <td class="text-right">备注：</td>
33           <td class="text-left quantity">
34              <div class="input-group btn-block" style=
                "max-width: 400px;">
35               <input type="text" name="remark" size="1" >
36               </div>
```

笔记栏

```
37              </td>
38          </tr>
39          </tbody>
40        </table>
41      </div>
42      </form>
43    </div>
44  </div>
```

图 8-23　购物车底部

其主要代码如下：

```
1    <div class="row">
2     <div id="content_oc1" class="col-sm-12" style=
       "border:1px solid #ccc;padding:15px">
3       <div class="buttons">
4        <div class="pull-left">
5         <a href="{{url_for('home.index')}}">继续购物</a>
6        </div>
7        <div class="pull-left">
8          <a href="{{url_for('home.cart_clear')
            }}" >清空购物车</a>
9         </div>
10          <div class="pull-right">
11             <a href="javascript:zhifu();" >结账</a>
12         </div>
13        </div>
14        </div>
15     </div>
```

购物车显示页面中计算总价及输入的物流信息进行校验是通过 JavaScript 代码实现，其主要代码如下：

```
1    <script type="text/javascript">
2            //获取总额
3            $(document).ready(function(){
4            var total_price=0
5            $('.total').each(function(){
6                    total_price += parseFloat($(this).
```

笔记栏

```
                attr('value'))
7           })
8           $('#total_price').text(total_price+"元")
9       });
10      function zhifu() {
11          //验证收货人姓名
12          if($('#recevieName').val()==="") {
13              alert('收货人姓名不能为空！');
14              return;
15          }
16          //验证收货人手机
17          if($('#tel').val()==="") {
18              alert('收货人手机不能为空！');
19              return;
20          }
21          //验证手机号是否合法
22          if(isNaN($('#tel').val())) {
23              alert("手机号请输入数字");
24              return;
25          }
26          //验证收货人地址
27          if($('#address').val()==="") {
28              alert('收货人地址不能为空！');
29              return;
30          }
31          //设置对话框中要显示的内容
32          var html='<div class="popup_cont">'
33                  + '<div style="width: 256px; height:
                    250px; ; margin:70px" >'
34                  + '<image src="/static/home/images/
                    qr.png" width="256"  />'
35                  + '<p style="color:red;">该页面仅为测试页面，
                    </p></div>'
36                  + '</div>';
37          var content={
38              state1 : {
39                  content : html,
40                  buttons : {
41                      '取消' : 0,
```

笔记栏

```
42                    '支付' : 1
43                },
44                buttonsFocus : 0,
45                submit : function(v,h,f) {
46                    if(v==0) {// 取消按钮的响应事件
47                        return true; // 关闭窗口
48                    }
49                    if(v==1) {// 支付按钮的响应事件
50                        document.getElementById('myform').
                          submit();// 提交表单
51                        return true;
52                    }
53                    return false;
54                }
55            }
56        };
57        $.jBox.open(content,'支付',400,450);
          // 打开支付窗口
58    }
59 </script>
```

8.10 订单添加及显示

8.10.1 订单添加

购物车页面，单击“结账”功能，即可实现添加订单，添加订单路由来自 app\home\views.py 文件中的 @home.route("/cart_order/",methods=['GET','POST'])，其代码如下：

```
1  @home.route("/cart_order/",methods=['GET','POST'])
2  @user_login
3  def cart_order():
4      if request.method=='POST':
5          user_id=session.get('user_id',0)    # 获取用户 id
6          # 添加订单
7          orders=Orders(
8              user_id=user_id,
9              recevie_name=request.form.get
               ('recevie_name'),
```

笔记栏

```
10                 recevie_tel=request.form.get('recevie_
                   tel'),
11                 recevie_address=request.form.get
                  ('recevie_address'),
12                 remark=request.form.get('remark')
13             )
14             db.session.add(orders)     # 添加数据
15             db.session.commit()        # 提交数据
16             # 添加订单详情
17             cart=Cart.query.filter_by(user_id=user_id).all()
18             object=[]
19             for item in cart :
20                 object.append(
21                     OrdersDetail(
22                         order_id=orders.id,
23                         goods_id=item.goods_id,
24                         number=item.number,)
25                 )
26             db.session.add_all(object)
27             # 更改购物车状态
28             Cart.query.filter_by(user_id=user_id).update
               ({'user_id': 0})
29             db.session.commit()
30         return redirect(url_for('home.index'))
```

8.10.2 订单显示

单击导航栏中“我的订单”，显示我的订单页面，如图 8-24 所示。

我的订单

订单号	产品名称	购买数量	单价	消费金额	收货人姓名	收货人手机	下单日期
34	酸石榴	1件	60.00元	60.00元	123456	12345678901	2023-01-30 10:03:55
34	耙耙柑耙耙柑	1件	50.00元	50.00元	123456	12345678901	2023-01-30 10:03:55
33	武鸣沃柑	1件	60.00元	60.00元	123456	12345678901	2023-01-30 10:02:20
32	酸石榴	1件	60.00元	60.00元	123456	12345678901	2023-01-30 09:45:02
30	砀山梨	1件	65.00元	65.00元	123456	12345678901	2023-01-30 09:15:21

图 8-24 我的订单页面

订单显示路由来自 app\home\views.py 文件中的 @home.route（"/order_list/",methods=['GET','POST']），其代码如下：

```
1    @home.route("/order_list/",methods=['GET','POST'])
2    @user_login
```

笔记栏

```
3    def order_list():
4        """"
5        我的订单
6        """
7        user_id=session.get('user_id',0)
8        orders=OrdersDetail.query.join(Orders).
9        filter(Orders.user_id==user_id).order_by
10      (Orders.addtime.desc()).all()
11       return render_template('home/order_list.html',
         orders=orders)
```

8.11 商品搜索

在导航栏中的输入框中输入要搜索的商品，可实现从商品库中查找相关商品信息，如图 8-25 所示。

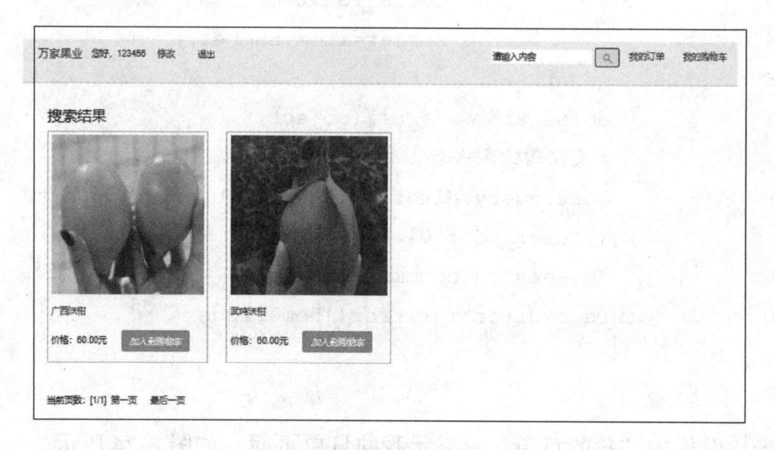

图 8-25 搜索商品

8.11.1 商品搜索路由

商品搜索路由来自 app\home\views.py 文件中的 @home.route("/search/")，其代码如下：

```
1    @home.route("/search/")
2    def goods_search():
3        """
4        搜索功能
5        """
6        page=request.args.get('page',1,type=int)
         # 获取 page 参数值
```

笔记栏

```
7        keywords=request.args.get('keywords','',type=str)
8        if keywords :
9            # 使用 like 实现模糊查询
10           page_data=Goods.query.filter
             (Goods.name.like("%"+keywords+"%")).order_by(
11               Goods.addtime.desc()
12           ).paginate(page=page, per_page=12)
13       else :
14           page_data=Goods.query.order_by(
15               Goods.addtime.desc()
16           ).paginate(page=page, per_page=12)
17       hot_goods=Goods.query.order_by
        (Goods.views_count.desc()).limit(7).all()
         return render_template("home/goods_search.html",
          page_data=page_data,keywords=keywords,hot_goods=
          hot_goods)
```

8.11.2　搜索商品显示

如果查询到相关商品，通过 app\templates\good_search.html 模板文件渲染，其主要代码如下：

```
1    <div >
2       <h3 class="index_h3"> <span class="index_title">
         搜索结果 </span> </h3>
3       <div class="col-6 active" style=" width: 100%; ">
4        <div class="row">
5         {% if page_data.items %}
6           {% for item in page_data.items %}
7             <div class="col-md-3 col-sm-6">
8                <div style="border:1px solid
                  #ccc;margin-bottom:25px; padding:5px">
9                <div class="image "  style="margin-bottom:15px">
10                <a href="/goods_detail/{{item.id}}?type=
                   {{item.supercat_id}}">
11                   <img src="{{url_for('static',filename=
                      'images/goods/'+item.picture)}}">
12                </a>
13            </div>
14            <div class="card-body">
15             <div class="name" style="height: 40px">
```

笔记栏

```
16                <a href="/goods_detail/{{item.id}}?type=
                   {{item.supercat_id}}">
17                                             {{item.name}}
18                 </a>
19                </div>
20              <p class="price">
21                价格: {{item.current_price}}元
22                <button class="btn  btn-warning" type=
                   "button" style="margin-left:20px"onclick=
                   'javascript:window.location.href=
                   "/cart_add/?goods_id={{item.id}}&number=1";' >
23             <i >加入到购物车</i>
24             </button>
25           </p>
26         </div>
27         </div>
28       </div>
29     {% endfor %}
30      {% else %}
31       <div style="text-align:center;font-size:
         16px;color:red">没有找到您想要的商品哦! </div>
32      {% endif %}
33      </div>
34      {% if page_data.items %}
35      <div class="row pagination">
36       <table width="100%" border="0" cellspacing="0"
         cellpadding="0">
37         <tr>
38          <td height="30" align="right">
39           当前页数: [{{page_data.page}}/{{page_data.pages}}]
             
40          <a href="{{ url_for('home.goods_search',page=
           1,keywords=keywords) }}">第一页</a>
41          {% if page_data.has_prev %}
42          <a href="{{ url_for('home.goods_search',page=
           page_data.prev_num,keywords=keywords) }}">上一页</a>
43           {% endif %}
44         {% if page_data.has_next %}
```

笔记栏

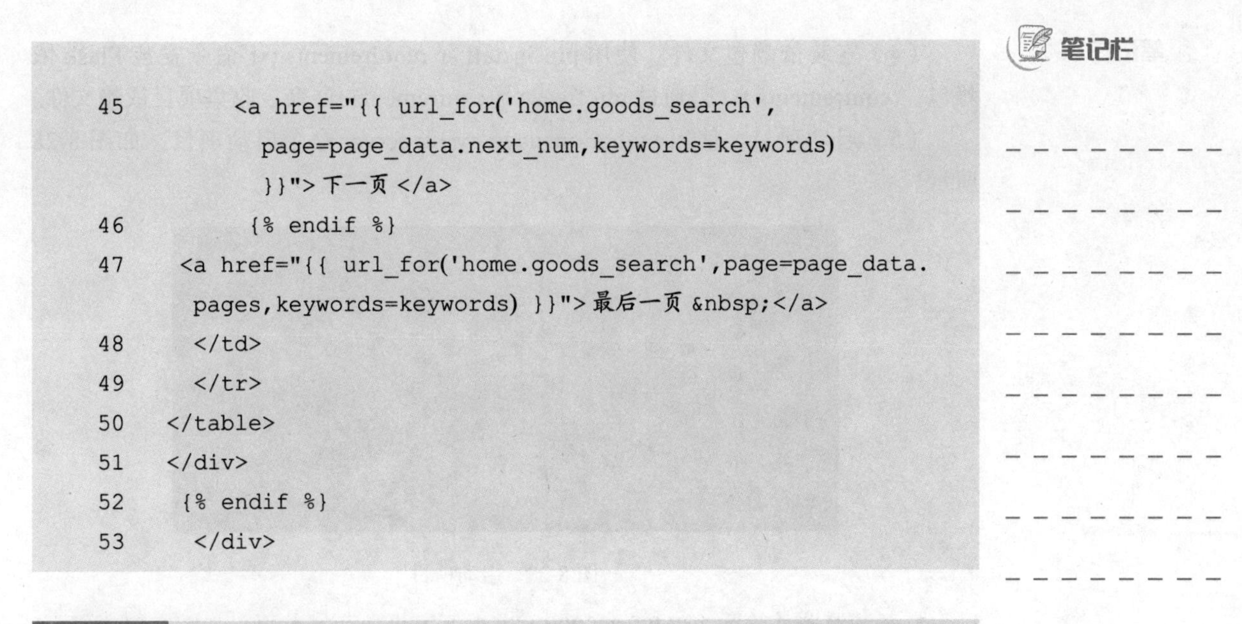

```
45          <a href="{{ url_for('home.goods_search',
              page=page_data.next_num,keywords=keywords)
              }}"> 下一页 </a>
46           {% endif %}
47       <a href="{{ url_for('home.goods_search',page=page_data.
          pages,keywords=keywords) }}"> 最后一页  </a>
48        </td>
49        </tr>
50      </table>
51      </div>
52       {% endif %}
53        </div>
```

8.12 项目配置及运行

项目开发完成后，若需要在其他机器运行，则需完成以下工作。

（1）安装 MySQL 及建立 wjgy 数据库，如图 8-26 所示。

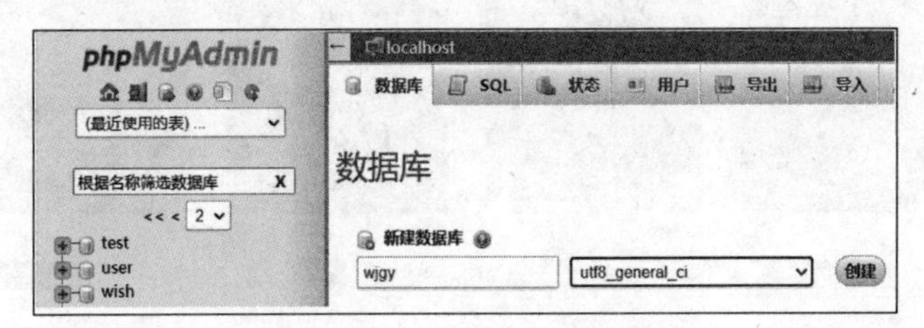

图 8-26　创建数据库

（2）导入 wjgy.sql 文件，创建数据库表及相应数据，如图 8-27 所示。

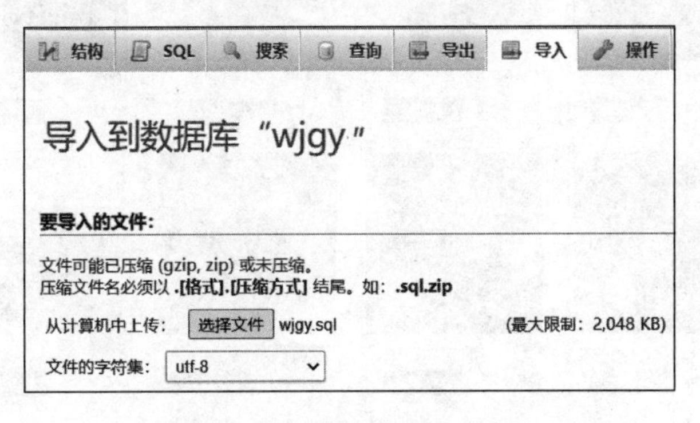

图 8-27　导入 wjgy.sql 内容

（3）创建并激活虚拟环境。在项目目录下使用 virtualenv venv 命令创建虚拟环境，使用 venv\scripts\activate 命令激活虚拟环境。

笔记栏

（4）安装依赖包文件。使用 pip install -r requirements.txt 命令安装 Flask 依赖包，requirements.txt 是通过 pip freeze >requirements.txt 命令收集项目依赖文件。

（5）启动项目。使用 python manage.py runserver 命令启动项目，如图 8-28 所示。

```
(venv) (base) F:\WJGY2>python manage.py runserver
 * Serving Flask app 'app' (lazy loading)
 * Environment: production
   WARNING: This is a development server. Do not use it in
   Use a production WSGI server instead.
 * Debug mode: on
 * Running on http://127.0.0.1:5000 (Press CTRL+C to quit)
 * Restarting with stat
 * Debugger is active!
 * Debugger PIN: 531-344-345
```

图 8-28　启动项目

打开浏览器并输入 127.0.0.1:5000，进入万家果业商城首页，如图 8-29 所示。

图 8-29　万家果业商城首页

小　　结

本章围绕万家果业商城项目从项目设计到项目运行各阶段进行讲述，首先预览项目运行结果，让大家对系统功能有一个初步的认识；其次设计数据库表；最后着重讲解会员登录、会员注册、商品展示、添加购物车、清空购物车、填写订单、结账等前台功能。通过本章学习，读者能够了解和掌握中小型系统的相关开发细节，为日后开发奠定良好的技术基础。

思考与练习

实践题

完成万家果业商城项目后台管理商城系统，实现会员管理、商品信息管理、销量排行、订单管理等功能。

第9章 部署上线

笔记栏

学习目标

✓熟悉云服务器的选择，能够根据项目需求选择云服务器。

✓掌握云服务器中软件的安装及升级，能够独立完成Linux系统下软件的安装及升级。

✓掌握Gunicorn、uWSGI、Nginx、superviso软件的使用，能够完成相关配置。

前期的各项工作在本地主机上进行开发，开发好的项目如果需要被互联网上的用户访问，必须把程序部署到拥有公网IP的远程服务器。本章首先介绍服务器的选择；其次介绍云服务器中软件的安装及升级；最后介绍Gunicorn+Nginx+Supervisor组合的安装及使用。

9.1 部署前准备工作

随着互联网的快速发展，服务器的部署可分为传统部署和云部署。传统部署是指用户购买/租用远程服务器，然后把程序安装到服务器上的过程。传统部署的优点在于一切由用户掌握，缺点是需要耗费较多的精力去搭建和维护；云部署提供了一个完善的平台，可以省去用户安装操作系统、数据库、网络配置等基础性工作，国内常用的云服务器有腾讯云、阿里云、百度云、华为云等。

9.1.1 选择云服务器

用户根据实际需要选择相应的云服务器，选择云服务器要注意服务器的地域、操作系统、带宽、容量、安全等内容。腾讯云、阿里云、百度云、华为云的云服务器选择内容如图9-1~图9-4所示。

笔记栏

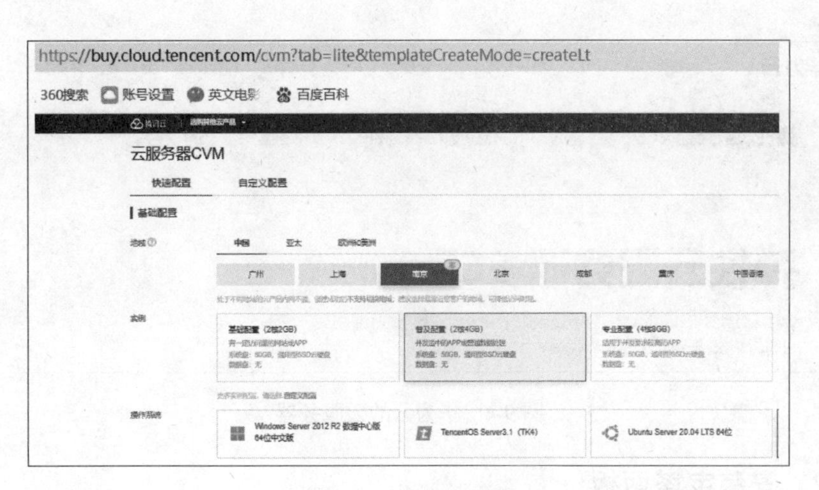

图 9-1 腾讯云的云服务器

图 9-2 阿里云的云服务器

图 9-3 百度云的云服务器

笔记栏

图 9-4　华为云的云服务器

9.1.2　安装宝塔面板

云服务器大部分使用 Linux 系统，对 Linux 命令操作不熟悉的用户可以使用宝塔面板。宝塔面板是一款服务器运维软件，用户可以很方便地部署包括 PHP/Java/Python 等各种语言在内的项目，可以很方便地使用各种部署方案，无论是 Nginx 还是 MySQL，相关第三方所用到的软件几乎都可以在软件商店一键安装，非常适合初学者。很多公司采用宝塔面板来做日常的维护。

下载安装宝塔产品，如图 9-5 所示。安装成功后，注意保存外网面板地址、用户名和密码。

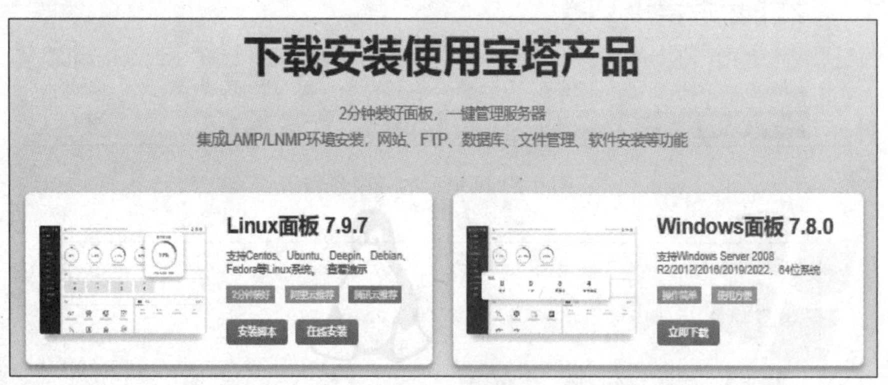

图 9-5　宝塔面板

9.1.3　CentOS 下升级 Python

Linux（CentOS）平台默认安装的 Python 为 2.x 版本，建议升级为 Python 3.7 以上版本。升级步骤如下：

（1）下载 Python-3.7.0.tgz 软件包。

在宝塔面板命令行，执行以下命令：

```
[root@localhost /]# mkdir -p /server/tools/        #创建目录
[root@localhost /]# cd /server/tools/              #改变目录
```

笔记栏

```
[root@localhost tools]# wget https://www.python.org/ftp/
 python/3.7.0/Python-3.7.0.tgz   下载
```

（2）解压编译安装。

```
[root@localhost tools]# tar -xf Python-3.7.0.tgz          #解压
[root@localhost tools]# cd Python-3.7.0                   #改变目录
[root@localhost Python-3.7.0]# ./configure --with-ssl    #配置
[root@localhost Python-3.7.0]# make                       #编译
[root@localhost Python-3.7.0]# make install               #安装
```

若出现以下提示，说明安装成功，如图9-6所示。

```
Looking in links: /tmp/tmp60az74jr
Collecting setuptools
Collecting pip
Installing collected packages: setuptools, pip
Successfully installed pip-10.0.1 setuptools-39.0.1
[root@localhost Python-3.7.0]#
```

图9-6　Python-3.7.0 安装成功

（3）安装完成，需要更改默认的Python版本。

```
[root@localhost Python-3.7.0]# cd /usr/bin/
[root@localhost bin]# rm -f python2
[root@localhost bin]# mv python python2.6.ori
[root@localhost bin]# ln -s python2.7 python2
[root@localhost bin]# ln -s /usr/local/bin/python3
  /usr/bin/python
```

（4）检查修改后的python版本。

```
[root@localhost bin]# python -V         说明默认版本为Python 3.7.0
Python 3.7.0
[root@localhost bin]# python2 -V
Python 2.7.5
[root@localhost bin]# python3 -V
Python 3.7.0
```

9.2 创建站点及数据库

9.2.1　创建站点

通过宝塔面板左侧“网站”，添中站点实现网站创建，域名中输入IP地址或开通的域名，把项目源码上传至指定的根目录，如图9-7所示。

笔记栏

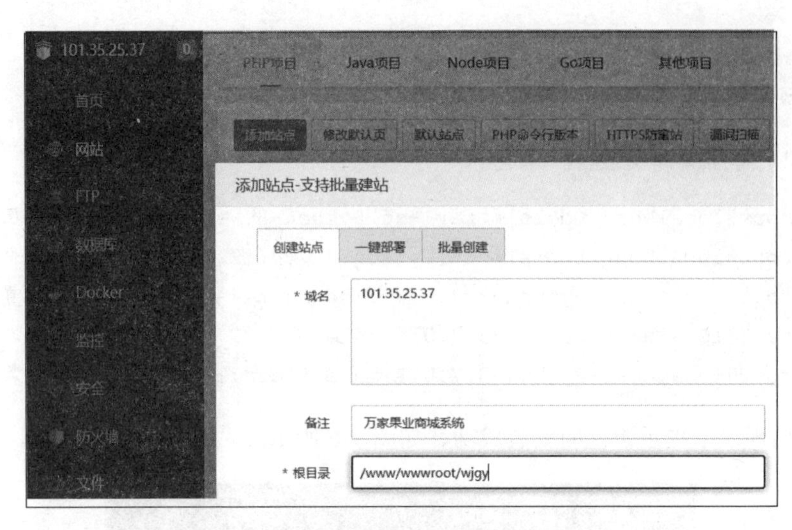

图 9-7　创建站点

在 /www/wwwroot/wjgy 目录下建立并激活虚拟环境，执行以下命令：

```
[root@VM-16-16-centos 101.35.25.37]# virtualenv venv
[root@VM-16-16-centos 101.35.25.37]# source venv/bin/activate
```

安装项目依赖包，执行以下命令：

```
[root@VM-16-16-centos 101.35.25.37]#pip install -r requirements.txt
```

9.2.2　创建数据库

通过宝塔面板左侧“软件商店”安装 phpMyAdmin 工具软件，通过 phpMyAdmin 软件创建数据库 wjgy，并导入相应数据，如图 9-8~ 图 9-9 所示。

图 9-8　安装 phpMyAdmin 软件

笔记栏

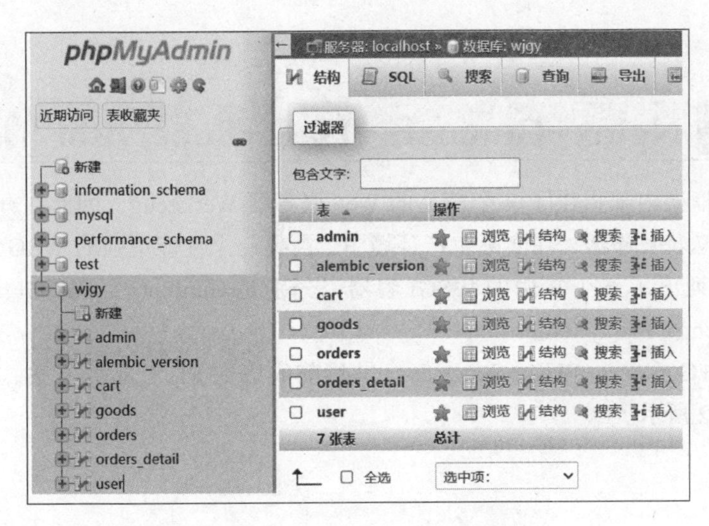

图 9-9　创建数据库并导入数据

9.2.3　启动项目

在虚拟环境下，执行以下命令启动项目。

```
(venv) [root@VM-16-16-centos 101.35.25.37]
        # python manage.py runserver --host 0.0.0.0
```

出现以下提示，表示项目启动成功，如图 9-10 所示。

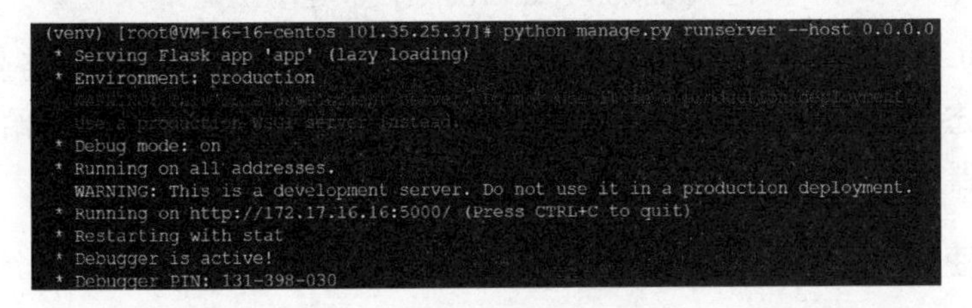

图 9-10　启动项目

打开浏览器，输入 101.35.25.37:5000，显示商城首页，如图 9-11 所示。

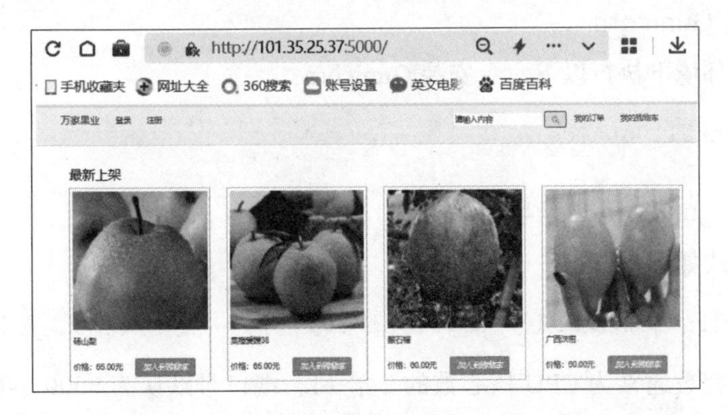

图 9-11　商城首页

9.3 Nginx+Gunicorn+Flask+Supervisor 的使用

Flask 框架内部提供了一个简易的 Web 服务器 Werkzeug，因此在开发时没有单独安装 Web 服务器，在实际生产环境中，需要一个性能更强的 WSGI 服务器。Flask 官方列出了五个常用的 WSGI 容器，分别是 Gunicorn、uWSGI、Gevent、Twisted Web 和 ProxySetups。

Nginx+Gunicorn+Flask+Supervisor 是目前成熟的 Flask 部署方案，其工作流程如图 9-12 所示。

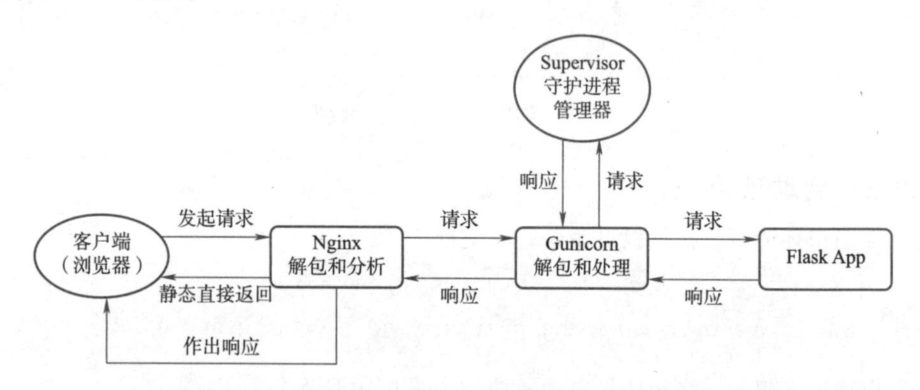

图 9-12　Nginx+Gunicorn+Flask+Supervisor 处理 HTTP 请求流程

由图 9-12 可知，在浏览器向服务器发送请求后，先由 NginxWeb 服务器来处理，如果是静态文件，则直接返回；如果是非静态文件，则通过反向代理给 Gunicorn 应用服务器，Gunicorn 用来传递给 FLask Web 应用框架进行逻辑处理。

9.3.1　使用 Gunicorn 运行程序

Gunicorn 是一个被广泛使用的高性能的 Python WSGI HTTP 服务器，能够与各种 Web 框架兼容，具有使用方便、低消耗资源、高性能的特点。

1. 安装 Gunicorn

在虚拟环境下执行以下命令安装 Gunicorn：

```
pip insall gunicorn
```

2. 使用 gunicorn 启动项目

命令格式如下：

```
Gunicorn  -w 线程数  -b  IP 地址：端口号  -D 模块名：变量名
```

其中进程数通常为 CPU 核心数的 2 倍 +1，端口号默认为 8000，-D 表示后台运行。

笔记栏

使用 gunicorn 启动万家果业商城系统命令如下：

```
Gunicorn  -w  5  -b 0.0.0.0  manage:app
```

启动成功后，提示信息如图 9-13 所示。

```
(venv) [root@VM-16-16-centos 101.35.25.37]# gunicorn -w 5 -b 0.0.0.0 manage:app
[2023-01-30 19:17:57 +0800] [10925] [INFO] Starting gunicorn 20.1.0
[2023-01-30 19:17:57 +0800] [10925] [INFO] Listening at: http://0.0.0.0:8000 (10925)
[2023-01-30 19:17:57 +0800] [10925] [INFO] Using worker: sync
[2023-01-30 19:17:57 +0800] [10930] [INFO] Booting worker with pid: 10930
[2023-01-30 19:17:57 +0800] [10931] [INFO] Booting worker with pid: 10931
[2023-01-30 19:17:57 +0800] [10932] [INFO] Booting worker with pid: 10932
[2023-01-30 19:17:57 +0800] [10935] [INFO] Booting worker with pid: 10935
[2023-01-30 19:17:57 +0800] [10936] [INFO] Booting worker with pid: 10936
```

图 9-13　Gunicorn 启动项目

打开浏览器，输入 101.35.25.37:8000，显示商城首页，如图 9-14 所示。

图 9-14　Gunicorn 启动项目首页

3. 查看进程

使用 ps -ef|grep gunicorn 命令查看已启动的进程编号，如图 9-15 所示。

```
宝塔终端
(venv) [root@VM-16-16-centos 101.35.25.37]# ps -ef|grep gunicorn
root     15844     1  0 19:42 ?        00:00:00 /www/wwwroot/101.35.25.37/
101.35.25.37/venv/bin/gunicorn -w 5 -b 0.0.0.0 manage:app -D
root     15847 15844  1 19:42 ?        00:00:00 /www/wwwroot/101.35.25.37/
101.35.25.37/venv/bin/gunicorn -w 5 -b 0.0.0.0 manage:app -D
root     15848 15844  1 19:42 ?        00:00:00 /www/wwwroot/101.35.25.37/
101.35.25.37/venv/bin/gunicorn -w 5 -b 0.0.0.0 manage:app -D
root     15850 15844  1 19:42 ?        00:00:00 /www/wwwroot/101.35.25.37/
101.35.25.37/venv/bin/gunicorn -w 5 -b 0.0.0.0 manage:app -D
root     15851 15844  1 19:42 ?        00:00:00 /www/wwwroot/101.35.25.37/
101.35.25.37/venv/bin/gunicorn -w 5 -b 0.0.0.0 manage:app -D
root     15853 15844  1 19:42 ?        00:00:00 /www/wwwroot/101.35.25.37/
101.35.25.37/venv/bin/gunicorn -w 5 -b 0.0.0.0 manage:app -D
root     15994 15344  0 19:43 pts/0    00:00:00 grep --color=auto gunicorn
```

图 9-15　查看进程

笔记栏

4. 终止进程

使用 kill -9 进程编号命令可终止该进程，如图 9-16 所示。

```
(venv) [root@VM-16-16-centos 101.35.25.37]# kill -9 15844
(venv) [root@VM-16-16-centos 101.35.25.37]# kill -9 15847
```

图 9-16　终止进程

使用 pkill -f 命令名 -9 终止该命令，例如 pkill -f uwsgi -9 终止 uwsgi 运行。

9.3.2　使用 Nginx 提供反向代理

通过虚拟专用网络技术可以让远程服务器代理客户端，让用户以远程服务器的 IP 请求访问 公司的内网，这种代理称为正向代理。Nginx 可以作为服务器，代理 Gunicorn 服务端监听来自外部的请求，便是反向代理。接下来将用 Nginx 配置 80 或 443 端口反向代理 Gunicorn 的运行端口。

Nginx 是成熟的 Web 服务器，使用 Nginx 反向代理 Gunicorn，不仅能提升程序的处理能力、静态文件的处理效率，还能提高服务器的安全系数，避免直接暴露 WSGI 服务器。另外，Nginx 在设置负载均衡、配置 IP 黑名单等运维管理方面非常方便。

进入宝塔面板，选择左侧的网站，选择站点右侧的设置，打开配置文件，在配置文件框内输入以下内容，如图 9-17 所示。

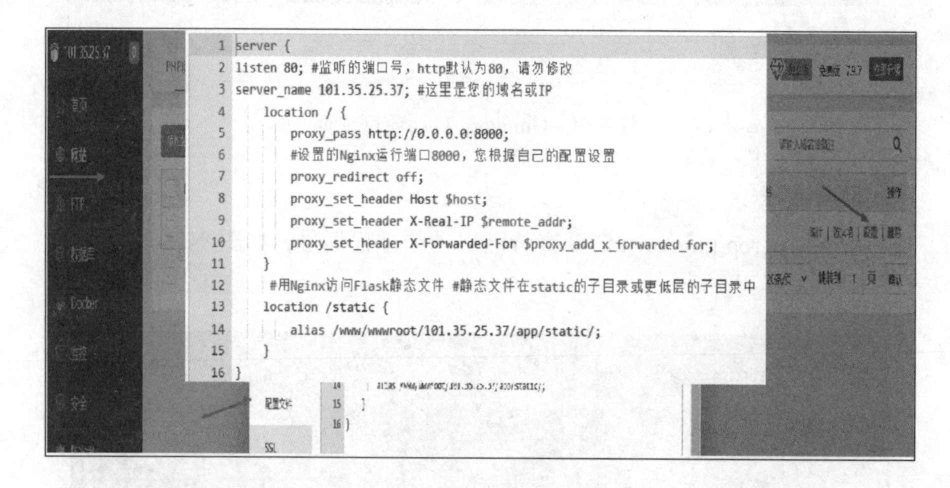

图 9-17　Nginx 反向代理配置内容

启动项目，使用以下命令：

```
gunicorn -w 5  -b 0.0.0.0  magage:app -D
```

打开浏览器，输入 101.35.25.37，显示商城首页，如图 9-18 所示。

笔记栏

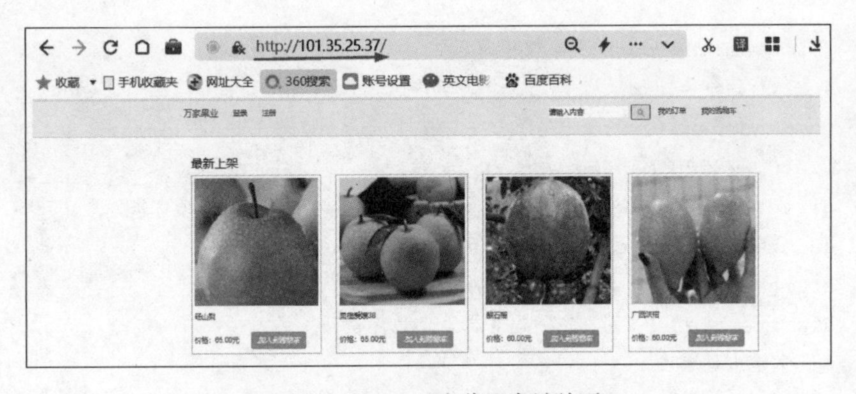

图 9-18 Nginx 反向代理商城首页

9.3.3 使用 Supervisor 管理进程

Supervisor 是一个用 Python 语言编写的进程管理工具，它可以很方便地监听、启动、停止、重启一个或多个进程。当一个进程意外被杀死，Supervisor 监听到进程死后，可以很方便地让进程自动恢复，不再需要程序员或系统管理员编写代码来控制。

宝塔面板默认在软件商店中已安装 Supervisor，如图 9-19 所示。

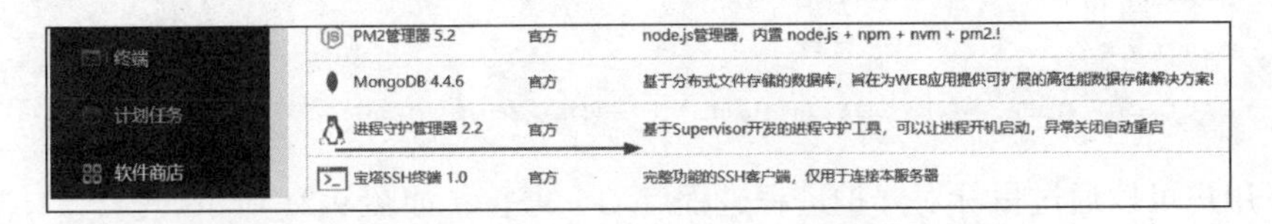

图 9-19 Supervisor 进程管理器

用户单击“进行守护管理器”中的设置，添加守护进程，如图 9-20 所示，添加完成后，单击子配置文件可查看配置信息，内容如下：

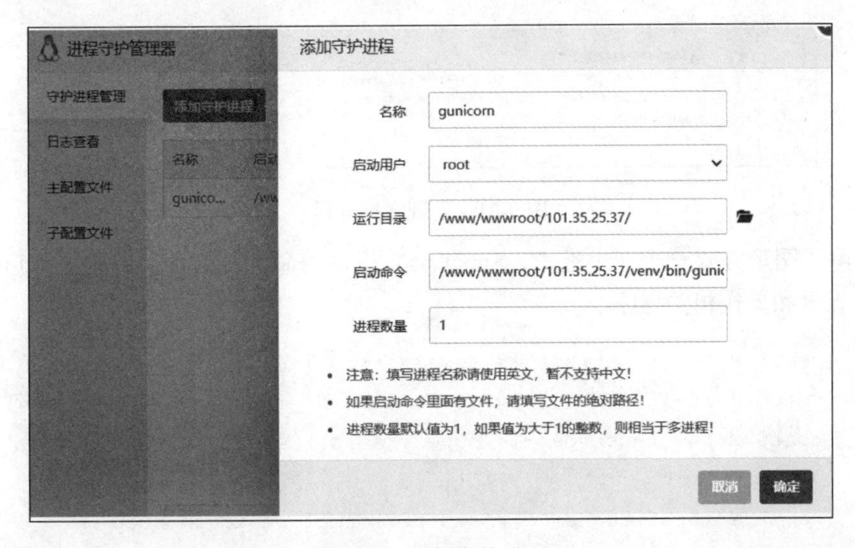

图 9-20 添加守护进程

笔记栏

```
[program:gunicorn]  #程序的名称
#要执行的命令
command=/www/wwwroot/101.35.25.37/venv/bin/gunicorn -w 5  -b
0.0.0.0:8080 manage:app
directory=/www/wwwroot/101.35.25.37/    #一般为项目根目录
autorestart=true        #是否自动启动
startsecs=3             #延时启动时间
startretries=3          #重启尝试次数
#正常输出日志
stdout_logfile=/www/server/panel/plugin/supervisor/log/
gunicorn.out.log
#错误输出日志
stderr_logfile=/www/server/panel/plugin/supervisor/log/
gunicorn.err.log
stdout_logfile_maxbytes=2MB
stderr_logfile_maxbytes=2MB
user=root        #以哪个用户执行
priority=999     #优先级
numprocs=5       #进程数
process_name=%(program_name)s_%(process_num)02d
```

用户可以通过鼠标对守护进程进程启动、停止，如图 9-21 所示。

图 9-21　管理守护进程

除了图形方式管理守护进程，Supervisor 提供的命令行工具 supervisorctl 同样可以查看和操作相关程序。

```
[root@VM-16-16-centos ~]# supervisorctl status          查看守护进程
[root@VM-16-16-centos ~]# supervisorctl reload          重新读取配置
[root@VM-16-16-centos ~]# supervisorctl gunicorn
  停止 gunicorn
[root@VM-16-16-centos ~]# supervisorctl gunicorn stop
  停止 gunicorn
```

笔记栏

```
[root@VM-16-16-centos ~]# supervisorctl gunicorn start
    启动 gunicorn
```

9.4 uWSGI+Nginx 的使用

在生产环境中部署 Python Web 项目时，uWSGI 负责处理 Nginx 转发的动态请求，并与 Python 应用程序沟通，同时将应用程序返回的响应数据传递给 Nginx，如图 9-22 所示。

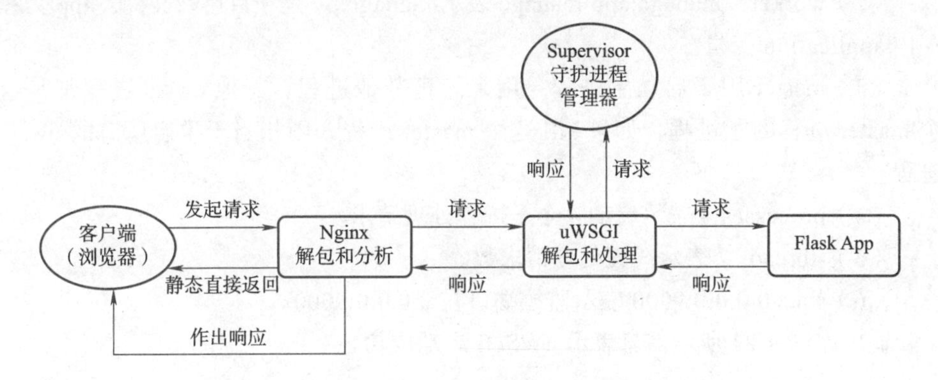

图 9-22　uWSGI+Nginx+Flask+Supervisor 处理流程

9.4.1　使用 uWSGI 运行程序

uWSGI 是一个 Python Web 服务器，它实现了 WSGI、uwsgi、HTTP 等协议，通常用来部署 Flask 或 Django 开发的 Python Web 项目，作为连接 Nginx 与应用程序之间的桥梁。

WSGI 全称是 Web Server Gateway Interface，也就是 Web 服务器网关接口，是一个 Web 服务器（如 uWSGI 服务器）与 Web 应用（如用 Django 或 Flask 框架写的程序）通信的一种规范。WSGI 包含了很多自有协议，其中一个是 uwsgi，它用于定义传输信息的类型。

1. 安装 uWSGI

在虚拟环境下执行以下命令安装 uWSGI。

```
pip install uwsgi
```

2. 用 uWSGI 命令行启动项目

进入工程目录，运行以下命令：

```
uwsgi --socket 0.0.0.0:8000 --workers manage:app --master
--processes 4 --threads 2 --stats 0.0.0.0:9000
```

笔记栏

其中：

（1）socket=0.0.0.0:8000 表示服务器 IP 地址及占用端口 8000；

Socket 协议用于和 Nginx 通信，端口可配置成别的端口；如果有 Nginx 在 uWSGI 之前作为代理的话应该配 Socket，如 socket=0.0.0.0:8000，而如果客户端请求不经过（不搭建）Nginx 代理服务器，服务请求直接到 uWSGI 服务器，那么就配 HTTP。如 http=101.35.25.37:8000。IP 和端口与项目启动文件 manage.py 中一致。本地访问也设置 127.0.0.1，但若想在网络上访问必须设置 host=0.0.0.0。

（2）workers=manage:app manage 表示 manage.py 是项目启动文件，app 为程序内 application 变量。

（3）master 用于启动主进程，用来管理其他进程，其他 uwsgi 进程都是这个 master 进程的子进程，如果 kill 这个 master 进程，则相当于重启所有的 uwsgi 进程。

（4）processes 4 表示启动 4 个子进程处理请求。

（5）-threads 2 表示线程处理请求数。

（6）stats 0.0.0.0:9000 表示监控端口在 0.0.0.0:9000。

输出如图 9-23 所示信息表示 uWSGI 启动成功。

```
your processes number limit is 15074
your memory page size is 4096 bytes
detected max file descriptor number: 100001
lock engine: pthread robust mutexes
thunder lock: disabled (you can enable it with --thunder-lock)
uwsgi socket 0 bound to TCP address 127.0.0.1:8000 fd 3
uWSGI running as root, you can use --uid/--gid/--chroot options
*** WARNING: you are running uWSGI as root !!! (use the --uid flag) ***
Python version: 3.6.8 (default, Jun 21 2022, 20:40:55)  [GCC 4.8.5 20150623
Python main interpreter initialized at 0x2688da0
uWSGI running as root, you can use --uid/--gid/--chroot options
*** WARNING: you are running uWSGI as root !!! (use the --uid flag) ***
python threads support enabled
your server socket listen backlog is limited to 100 connections
your mercy for graceful operations on workers is 60 seconds
mapped 416880 bytes (407 KB) for 8 cores
*** Operational MODE: preforking+threaded ***
*** no app loaded. going in full dynamic mode ***
uWSGI running as root, you can use --uid/--gid/--chroot options
*** WARNING: you are running uWSGI as root !!! (use the --uid flag) ***
*** uWSGI is running in multiple interpreter mode ***
spawned uWSGI master process (pid: 3887)
spawned uWSGI worker 1 (pid: 3888, cores: 2)
spawned uWSGI worker 2 (pid: 3889, cores: 2)
```

图 9-23　uWSGI 启动信息

以上这种方式虽然启动成功，但无法直接在浏览器中访问，通常采用把参数写入配置文件中，通过 uwsgi --ini 配置文件 .ini 命令启动。在项目根目录创建 deploy（部署）目录，在此目录下创建 uwsgi.ini 文件，配置内容如图 9-24 所示。

笔记栏

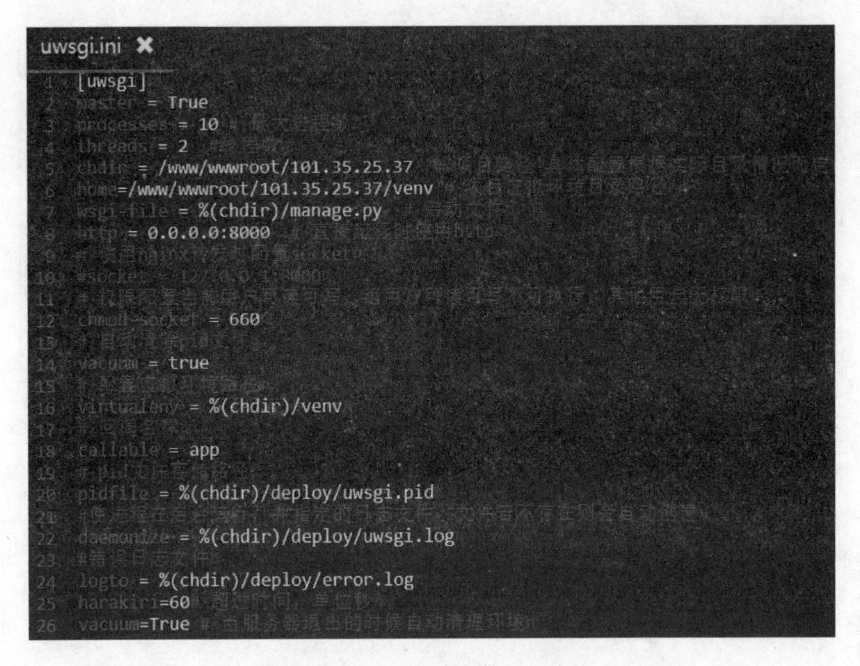

图 9-24　uwsgi.ini 文件配置内容

使用以下命令启动项目：

```
uwsgi --ini deploy/uwsgi.ini
```

打开浏览器，输入 101.35.25.37:8000，显示商城首页，如图 9-25 所示。

图 9-25　商城首页

9.4.2　配置 Nginx

Nginx 是一款静态文件服务器，采用 Nginx 来监听后端转发请求的部署方式，在宝塔面板中单击站点的设置选项，选择配置文件项，把默认的内容全部删除，替换为如图 9-26 所示的内容即可。

笔记栏

域名管理
子目录绑定
网站目录
访问限制
流量限制
伪静态
默认文档
配置文件

提示：Ctrl+F 搜索关键字，Ctrl+S 保存，Ctrl+H 查找替换

```
1  server {
2      listen 80;                              # 监听端口
3      server_name 101.35.25.37;               # 域名,根据项目实际环境配置
4      location / {
5          uwsgi_pass 101.35.25.37:8000;       # uwsgi的stock服务
6          include uwsgi_params;               # 固定搭配
7      }
8      location /static {                      # 静态文件转发路径，根据项目实际环境配置
9          alias /www/wwwroot/101.35.25.37/app/admin/static/;
10     }
11
12 }
```

图 9-26　Nginx 配置内容

重新启动项目，打开浏览器，输入101.35.25.37，显示商城首页，如图9-27所示。

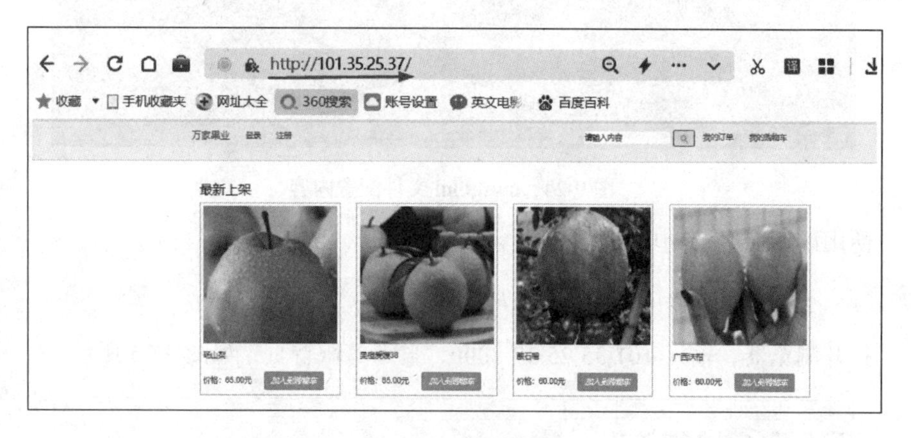

图 9-27　商城首页

小　　结

本章主要介绍了项目的线上部署相关内容，包括云服务器的选择，CentOS下Python的升级，宝塔面板的安装及使用，Gunicorn、uWSGI、Nginx及Supervisor软件的安装及配置，为Flask项目运行提供稳定的运行环境。通过本章的学习，读者可以掌握从项目设计到上线的完整流程。

思考与练习

一、选择题

1. 下列是常用的Web服务器的为（　　）。

A. Apache　　　　B.IIs

C. Nginx　　　　D. Zeus

笔记栏

2．下列是Python应用服务器的为（　　）。

A．Gunicorn　　B．uWSGI

C．Gevent　　D．Twisted Web

3．下列是常用的Web后端应用框架的为（　　）。

A．Spring boot　　B．Flask

C．ThinkPHP　　D．Express.js

4．下列关于WSGI、uWSGI、uwsgi说法正确的是（　　）。

A．WSGI是一种Web服务器网关接口，是一个Web服务器与应用服务器通信的一种规范

B．uwsgi是一种线路协议而不是通信协议，常用于在uWSGI服务器与其他网络服务器的数据通信

C．uWSGI是实现了uwsgi和WSGI两种协议的Web服务器，负责响应Python的Web请求

D．Gunicorn软件工具相当于uwsgi

5．下列关于代理服务器说法正确的是（　　）。

A．正向代理中代理端代理的是服务器

B．反向代理中代理端代理的是客户器

C．正向代理服务器可以隐藏源服务器的存在和特征

D．反向代理服务器可以隐藏源服务器的存在和特征

二、实践题

1．在本地主机安装VMware虚拟机，并安装CentOS或Ubuntu系统。

2．在虚拟主机中通过Nginx+uWSGI+Flask实现万家果业商城系统的配置与运行。